文心一言＋文心一格

AI文案与绘画108招

AIGC文画学院 编著

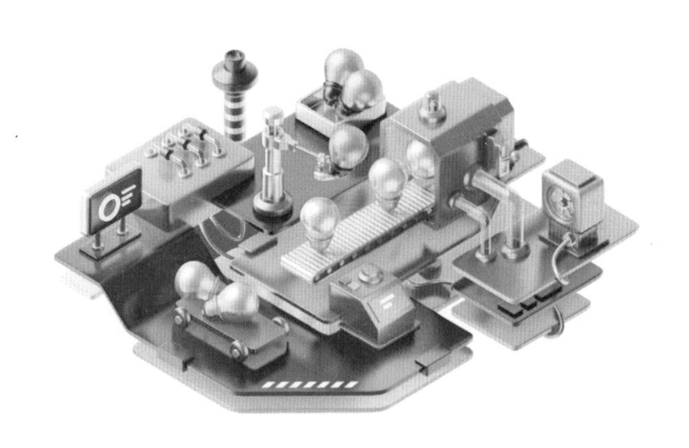

·北京·

内 容 简 介

10 大专题内容讲解 +108 个实操案例解析 +130 多分钟同步教学视频 +160 多个素材效果文件 +500 多张图片全程图解，随书还赠送了 5200 多个 AI 绘画关键词等资源!

书中的具体内容从以下两条线展开。

一条是 AI 文案线，详细介绍了文心一言的使用技巧，具体内容包括：9 个入门技巧、10 个写提示词技巧、16 种 AI 指令模板、10 个 App 使用技巧、10 个 AI 文案案例，帮助读者一步一步精通用文心一言创作 AI 文案的核心技术。

一条是 AI 绘画线，详细介绍了文心一格的使用技巧，具体内容包括：15 个初级 AI 绘画技巧、12 个高级 AI 绘画技巧、9 大 AI 探索功能、7 个小程序使用技巧、10 个 AI 绘画案例，让 AI 绘画变得更简单、更轻松、更高效!

本书适合：一是想要了解文心一言和文心一格的读者，包括 AI 文案创作者、AI 绘画爱好者、AI 画师、AI 绘画训练师等；二是相关行业从业者，包括文案工作者、营销人员、自媒体人、设计师、电商美工人员、插图师、影视制作人员等；三是适合作为相关培训机构、职业院校的参考教材。

图书在版编目（CIP）数据

文心一言+文心一格：AI文案与绘画108招 / AIGC文画学院编著. —北京：化学工业出版社，2024.5

ISBN 978-7-122-45114-9

Ⅰ. ①文… Ⅱ. ①A… Ⅲ. ①图像处理软件 Ⅳ. ①TP391.413

中国国家版本馆CIP数据核字（2024）第041514号

责任编辑：吴思璇　李　辰　　　　封面设计：异一设计

责任校对：杜杏然　　　　装帧设计：盟诺文化

出版发行：化学工业出版社（北京市东城区青年湖南街13号　邮政编码100011）

印　　装：天津裕同印刷有限公司

710mm × 1000mm　1/16　印张13 1/4　字数276千字　2024年6月北京第1版第1次印刷

购书咨询：010-64518888　　　　售后服务：010-64518899

网　　址：http://www.cip.com.cn

凡购买本书，如有缺损质量问题，本社销售中心负责调换。

定　　价：79.00元

前言

在党的二十大报告第五部分中，将“实施科教兴国战略，强化现代化建设人才支撑”作为独立章节进行谋划部署，并提出了“三个第一”（科技是第一生产力、人才是第一资源、创新是第一动力）的重要论述，把科技、人才、创新的战略意义提升到新的高度。而人工智能技术在这些发展战略中扮演着重要的角色，是推动这些战略实施的重要手段之一。通过培养更多的人工智能方面的人才，推动人工智能技术在各个领域的应用，可以有效促进经济的发展和社会的进步。

同时，随着人工智能技术的不断发展，AI 文案与 AI 绘画已经成为人工智能领域的两个热门应用。而百度推出的文心一言和文心一格作为一种先进的 AIGC 技术，更是受到了广泛关注。本书旨在为读者提供全面、实用的 AI 文案与 AI 绘画技术指导和案例分析，帮助读者掌握这两种强大的 AIGC 技术，实现自己的创意和设计需求。

如今，AIGC 市场规模正在不断扩大。据国际数据公司（International Data Corporation，IDC）的报告显示，到 2025 年，全球 AIGC 市场规模将达到 150 亿美元，复合年增长率高达 30%，表明 AIGC 技术的发展前景广阔。作为创意工作者，我们深感 AIGC 技术在文案和绘画创作领域的潜力。

AIGC 技术能够帮助创意工作者提高创作效率，同时实现更为个性化的表达。本书对文心一言和文心一格两个热门 AIGC 技术进行了深入浅出的剖析，并分享了大量的 AI 文案与绘画创作的技巧和实践经验，使读者能够全面了解 AIGC 的应用，并引导读者深入探索 AIGC 的未来发展。

本书编者在 AIGC 领域拥有多年的研究和实践经验，希望通过本书，将 AI 文案与绘画创作的知识和技巧分享给更多读者。我们相信，AIGC 技术在不久的将来会取得更大突破，为文案、绘画等领域带来更多可能性。在此，我们鼓励所有对 AIGC 感兴趣的读者继续深入学习和研究这一领域，共同推动其发展。

同时，本书是目前市场上首本重点讲述百度文心一言和文心一格的相关书籍，为读者提供更加系统、详细的 AI 文案与绘画创作教程，帮助更多的人掌握这两种先进的 AIGC 技术。

相比市面上更多介绍 AI 基础知识的入门书籍，本书具有以下几个特色。

（1）提供大量视频教程：130 多分钟，手机扫码即可随时随地学习。

（2）设计丰富案例练习：108 个实例，助你将知识高效转化为技能。

（3）提供云端教学资源：160 多个文件，包括案例的素材、效果等。

未来，AIGC 市场将更加繁荣，其应用场景也将更加丰富。我们期待着 AIGC 技术在文案和绘画创作领域发挥更大的作用，为创意产业带来更多创新和突破。同时，我们也相信，读者通过阅读本书，能够更好地理解和应用 AIGC 技术，为自己的事业加分助力。

希望本书能引领更多的人走进 AIGC 的世界，学会使用文心一言、文心一格等 AI 创作工具，共同探索 AIGC 的美好未来。

本书的特别提示如下。

（1）版本更新：本书在编写时，是基于当前文心一言（基于文心大模型3.5，版本为V2.3.0）、文心一格的功能页面截取的实际操作图片，但本书从编辑到出版需要一段时间，这些工具的功能和页面可能会有变动，请在阅读时根据书中的思路举一反三进行学习。

（2）会员功能：文心一格“AI编辑”页面中的功能，需要开通“白银会员”“黄金会员”或“铂金会员”才能使用；“实验室”页面中的功能，则需要开通“黄金会员”或“铂金会员”才能使用。

（3）提示词的使用：提示词也称为关键词、指令、描述词或创意，文心一言支持中文和英文提示词，文心一格仅支持中文提示词。最后再提醒一点，即使是相同的提示词，文心一言和文心一格每次生成的文字或图像内容也会有差别。

本书由 AIGC 文画学院编著，参与编写的人员还有苏高、胡杨等人，在此表示感谢。由于作者知识水平有限，书中难免有疏漏之处，恳请广大读者批评、指正，沟通和交流请联系微信：2633228153。

编著者

【文心一言·AI 文案】

【文心一格 · AI 绘画】

【文心一言·AI 文案】

第 1 章

9 个入门技巧，快速注册与使用文心一言

文心一言是百度研发的一款知识增强大语言模型，能够与人对话互动、回答问题、协助创作，以及高效便捷地帮助人们获取信息、知识和灵感。本章将介绍 9 个入门技巧，帮助大家快速注册与使用文心一言，轻松体验这一先进的人工智能技术。

实战 001　注册与登录文心一言

要使用文心一言或文心一格，用户需要先注册一个百度账号，该账号对于两个平台都是通用的。下面介绍注册与登录文心一言的操作方法。

步骤01 进入文心一言官网，在首页单击“开始体验”按钮，如图 1-1 所示。

图 1-1　单击“开始体验”按钮

步骤02 执行操作后，弹出“账号登录”对话框，已经拥有百度账号的用户可以直接输入账号（手机号 / 用户名 / 邮箱）和密码进行登录，或者用手机打开百度 App 扫码登录，即可直接进入文心一言的主页。如果用户还没有百度账号，则可以单击“立即注册”链接，如图 1-2 所示。

图 1-2　单击“立即注册”链接

步骤 03 执行操作后，进入百度的“欢迎注册”页面，如图 1-3 所示，输入相应的用户名、手机号、密码和验证码，单击“注册”按钮即可。

图 1-3　百度的“欢迎注册”页面

实战 002　使用系统推荐的提示词进行对话

扫码看教学视频

用户进入文心一言的主页后，AI（Artificial Intelligence，人工智能）会推荐一些提示词模板引导用户使用，以便更好地体验文心一言的对话功能，具体操作方法如下。

步骤 01 进入文心一言主页，可以看到 AI 推荐了一些提示词模板，选择相应的提示词模板，如图 1-4 所示。

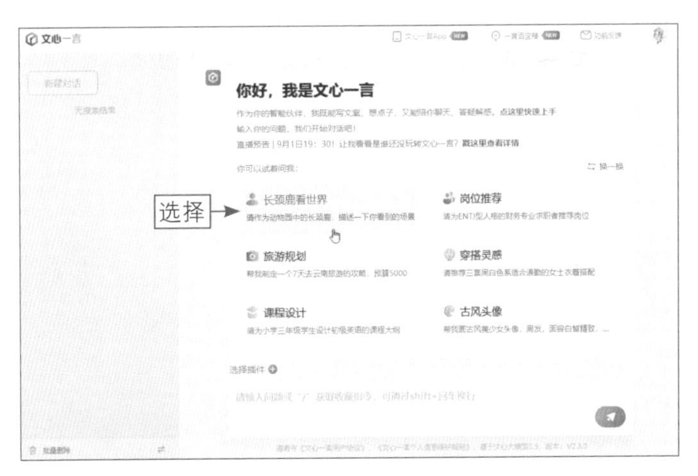

图 1-4　选择相应的提示词模板

步骤 02 执行操作后，AI 会针对模板中的提示词给出相应的回答，反应速度非常快，而且回复的内容也比较贴合提示词的要求，如图 1-5 所示。

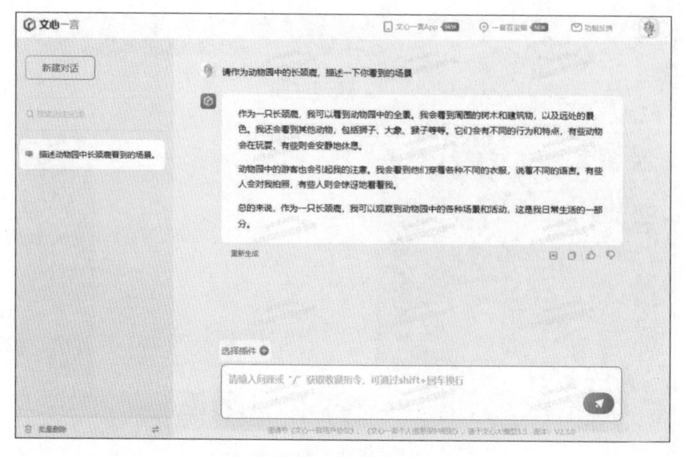

图 1-5　AI 给出相应的回答

实战 003　输入自定义提示词进行对话

扫码看教学视频

文心一言中的提示词又称为“指令”，除了使用 AI 推荐的提示词模板进行对话，用户还可以输入自定义的提示词与 AI 进行交流，具体操作方法如下。

步骤 01 进入文心一言主页，在下方的输入框中输入相应的提示词，即想要 AI 帮助解决的问题或相关要求，如图 1-6 所示。

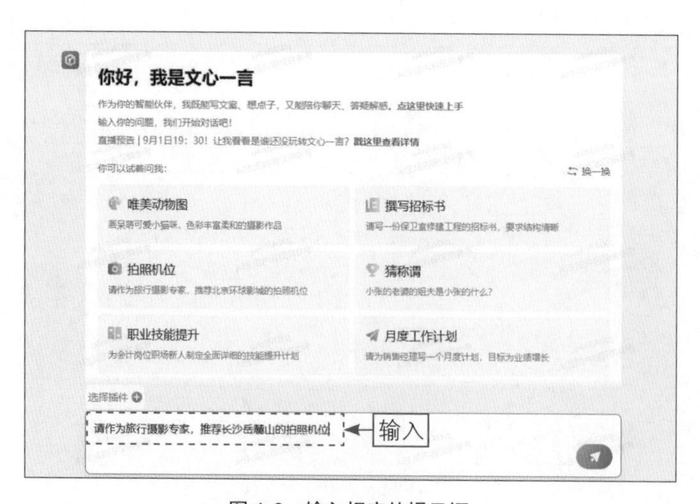

图 1-6　输入相应的提示词

步骤 02 单击输入框右下角的发送按钮，或者按【Enter】键确认，即可获得 AI 的回复，具体内容如图 1-7 所示。

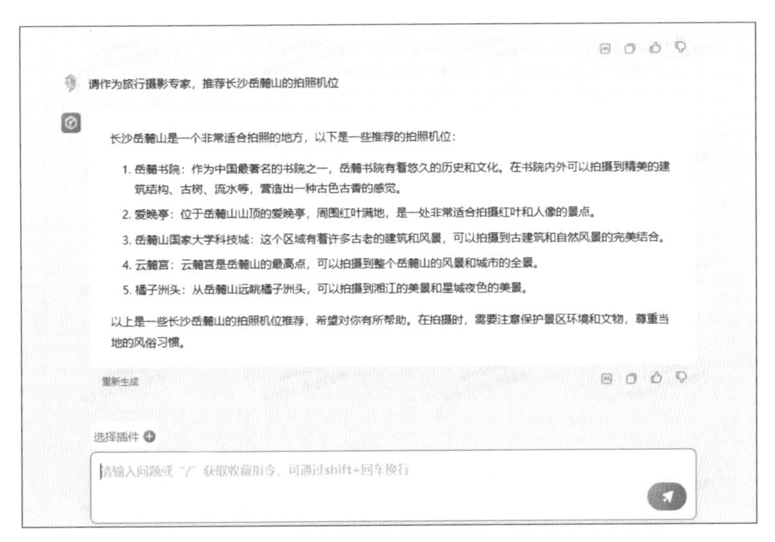

图 1-7　AI 回复的具体内容

实战 004　使用"/"符号获取提示词模板

扫码看教学视频

用户可以在文心一言的"指令中心"页面中收藏一些常用的提示词模板，这样在需要使用某些提示词时，可以直接在输入框中使用"/"（正斜杠）符号获取提示词模板，具体操作方法如下。

步骤 01 进入文心一言主页，在下方的输入框中输入"/"符号，在上方弹出的列表框中选择一个提示词模板，如图 1-8 所示。

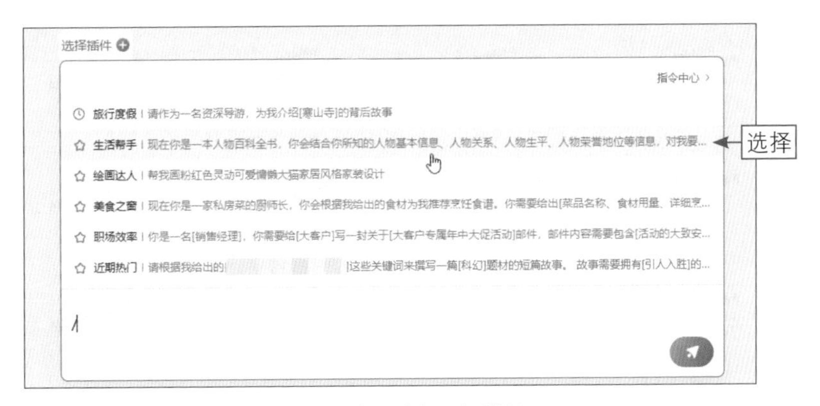

图 1-8　选择一个提示词模板

步骤 02 执行操作后，即可自动填入所选的提示词模板，对中括号中的内容进行适当修改，单击发送按钮，即可获得 AI 的回复，具体内容如图 1-9 所示。

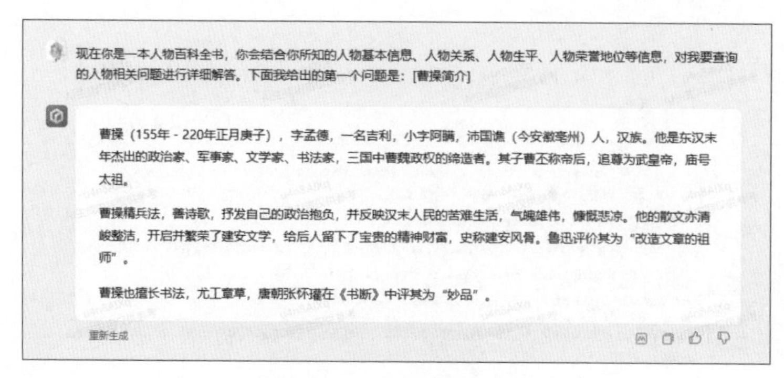

图 1-9 AI 回复的具体内容

实战 005 通过按钮重新生成内容

扫码看教学视频

如果用户对文心一言生成的内容不太满意，此时可以单击"重新生成"按钮让 AI 重新回复，具体操作方法如下。

步骤 01 进入文心一言主页，输入相应的提示词，单击发送按钮，即可获得 AI 的回复，单击"重新生成"按钮，如图 1-10 所示。

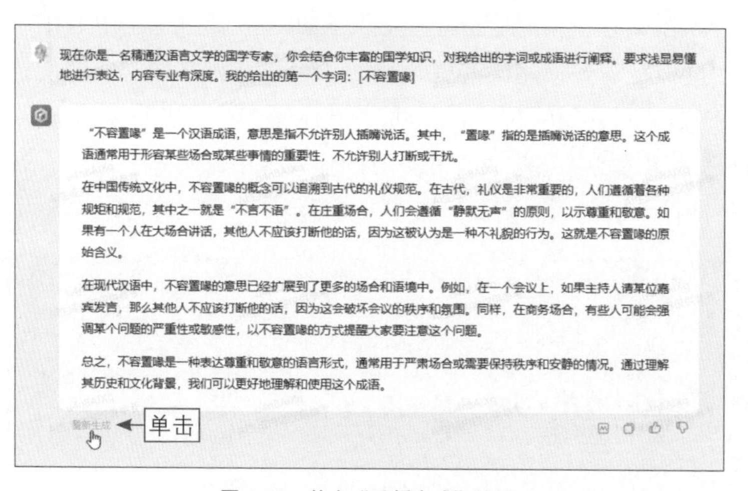

图 1-10 单击"重新生成"按钮

步骤 02 执行操作后，系统会再次向 AI 发送相同的指令，同时 AI 也会重新生成相关的回复内容，如图 1-11 所示。另外，用户还可以在 AI 回复内容的下方单击"更好""更差""差不多"按钮，对两次回答的内容进行对比评价。

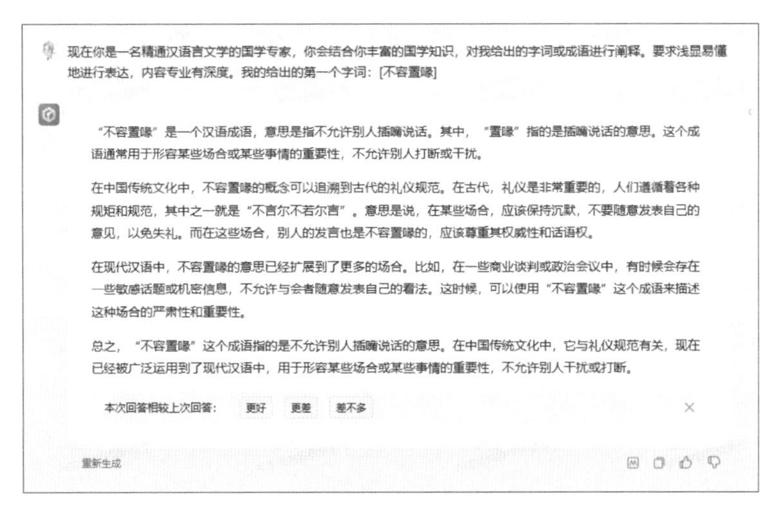

图 1-11　AI 重新生成相关的回复内容

★ 专 家 提 醒 ★

当 AI 重新回复后，用户可以单击右侧的 ‹ 2/2 › 按钮切换查看之前的回复内容。

实战 006　在文心一言中新建对话窗口

扫码看教学视频

用户可以在文心一言中新建对话窗口，这样便于管理对话内容和查找历史对话记录，具体操作方法如下。

步骤 01 进入文心一言主页，在左侧的窗口中，单击上方的"新建对话"按钮，如图 1-12 所示。

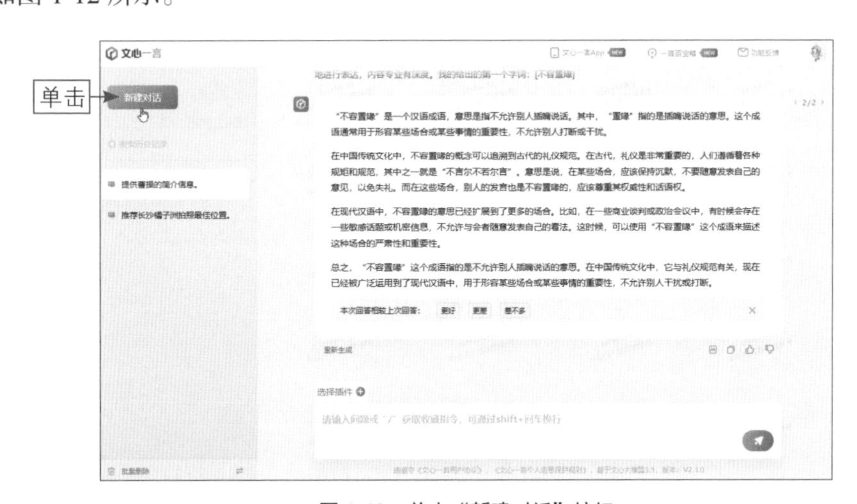

图 1-12　单击"新建对话"按钮

步骤 02 执行操作后，即可重新创建一个对话窗口，如图 1-13 所示。

图 1-13　重新创建一个对话窗口

实战 007　查看与管理历史记录信息

扫码看教学视频

用户可以在文心一言的左侧窗口中查看和管理历史记录信息，还可以批量删除不需要的对话记录，具体操作方法如下。

步骤 01 进入文心一言主页，在左侧的窗口中选择相应的历史对话记录，即可查看对应的对话信息，如图 1-14 所示。

图 1-14　查看对应的对话信息

步骤 02 在文心一言主页的左侧窗口中选择相应的历史对话记录，单击置顶按钮，如图 1-15 所示。

步骤 03 执行操作后，即可将该历史对话记录添加到“我的置顶”选项区，便于查阅，如图 1-16 所示。

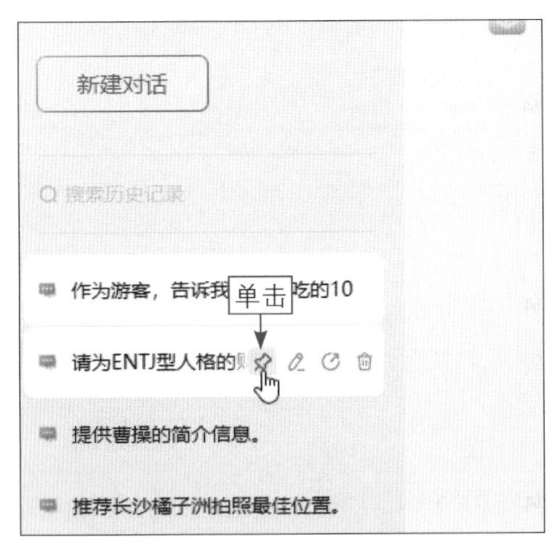

图 1-15　单击置顶按钮

图 1-16　添加到“我的置顶”选项区

步骤 04 选择相应的历史对话记录，单击重命名按钮，在弹出的文本框中输入相应的名称，如图 1-17 所示，单击按钮确认，即可修改该历史对话记录的名称。

步骤 05 选择相应的历史对话记录，单击删除按钮，如图 1-18 所示，即可删除该历史对话记录。

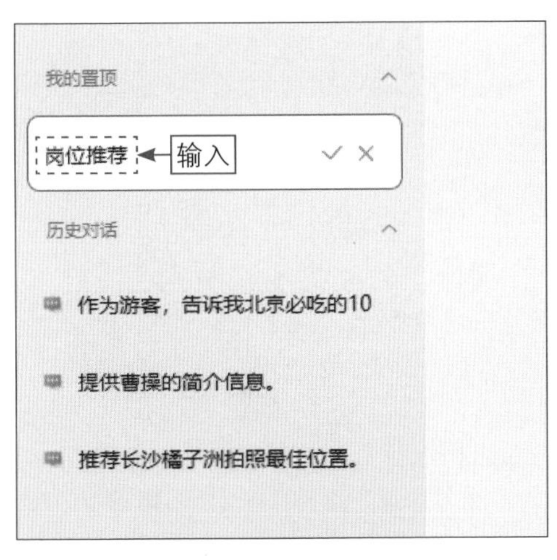

图 1-17　输入相应的名称

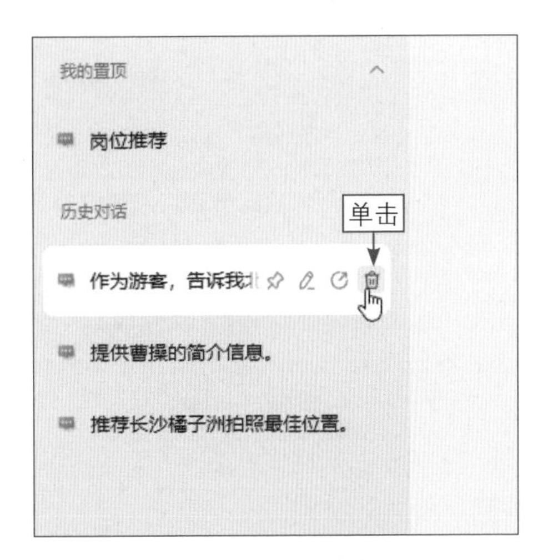

图 1-18　单击删除按钮

步骤 06 在左侧窗口的最下方，单击“批量删除”按钮，在页面左侧的“删除对话”窗口中同时选择多个历史对话记录前的复选框，如图 1-19 所示，单击“删除”按钮，即可批量删除历史对话记录。

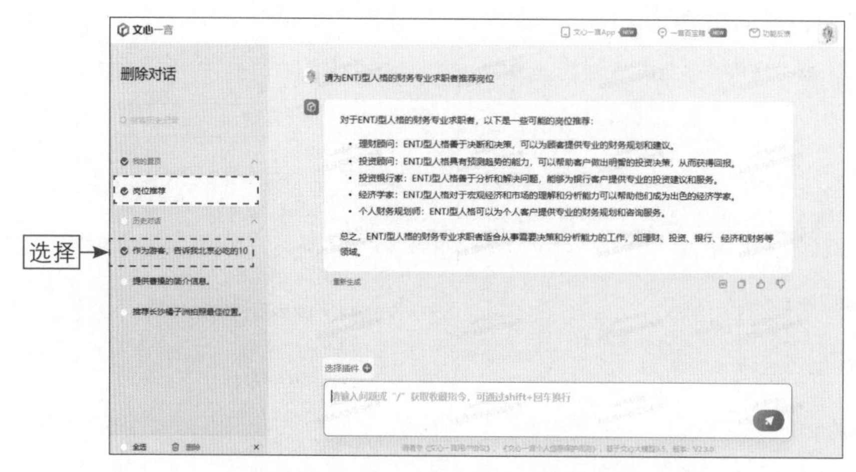

图 1-19　同时选择多个历史对话记录前的复选框

实战 008　隐藏文心一言的左侧窗口

扫码看教学视频

用户可以将文心一言主页的左侧窗口隐藏起来，便于扩大对话窗口，更好地查看对话内容，具体操作方法如下。

步骤 01 进入文心一言主页，在左侧窗口的底部单击 ⇌ 按钮，如图 1-20 所示。

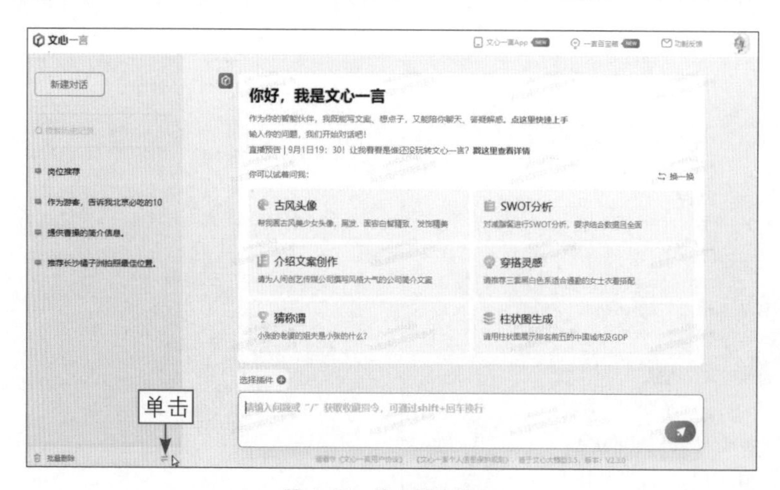

图 1-20　单击相应按钮

步骤 02 执行操作后，即可隐藏左侧窗口，并全屏显示对话窗口，让用户能够更好地与 AI 进行对话交流，如图 1-21 所示。

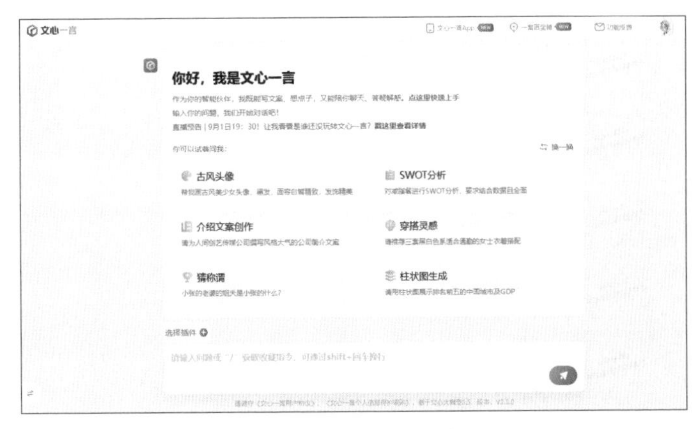

图 1-21　全屏显示对话窗口

实战 009　使用文心一言中的插件

文心一言不仅提供了强大的语言理解和生成能力，还通过插件的方式，为用户提供了更加多样化的扩展功能。例如，“百度搜索”是文心一言中的一个固定插件，它可以帮助用户快速搜索百度上的相关信息。通过这个插件，用户可以在与文心一言的对话中直接输入提示词，然后得到百度上的相关搜索结果，具体操作方法如下。

步骤 01 进入文心一言主页，单击提示词输入框左上角的“选择插件”按钮，即可弹出插件列表框，如图 1-22 所示。

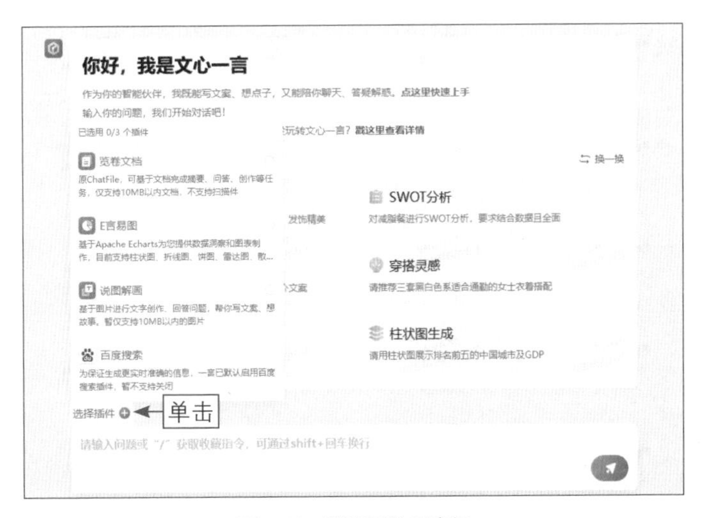

图 1-22　弹出插件列表框

步骤 02 “百度搜索”插件目前是默认启用的，而且暂时不支持关闭，用户可以直接在输入框中输入“百度一下”或者“百度搜索”等提示词激活插件功能，然后再输入其他辅助提示词。例如，输入“百度搜索 长沙今日天气”，文心一言会将这些提示词发送到百度搜索引擎，并返回相关的天气信息，如图 1-23 所示。

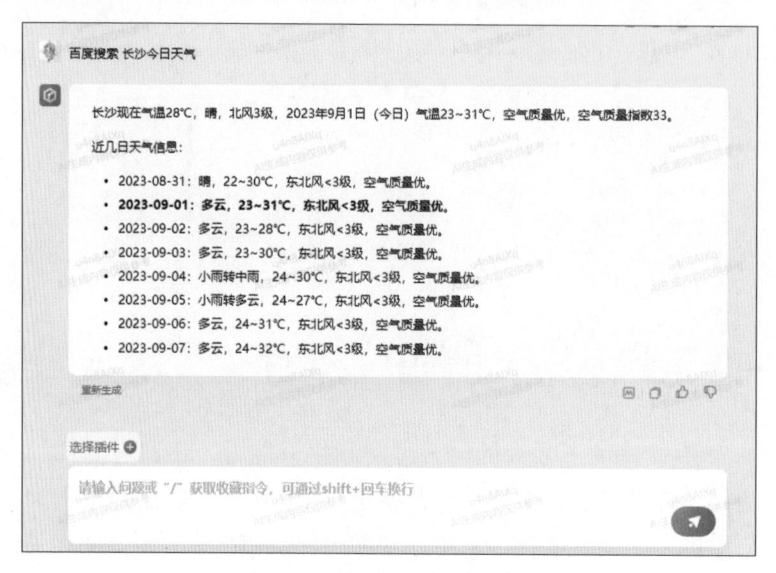

图 1-23 返回相关的天气信息

★ 专家提醒 ★

需要注意的是，使用“百度搜索”插件需要计算机保持网络连接，如果没有网络连接，该功能将无法使用。此外，为了保护用户的隐私和安全，文心一言会自动过滤广告和垃圾信息，确保用户只接收来自可靠网站的搜索结果。

第 2 章

10 个写提示词技巧，构建高质量 AI 内容

文心一言是一款强大而智能的文字对话机器人，它可以根据用户输入的 Prompt（提示词），自动生成各种文字、图像等内容。本章将介绍文心一言的提示词写作技巧，帮助大家构建高质量的 AI 内容，让你的文案创作更加高效和便捷。

实战 010　明确 Prompt 的目标

扫码看教学视频

用户在输入提示词之前，首先要明确 Prompt 的目标，即想要得到什么样的结果。例如，想要让文心一言生成一篇关于某个主题的文章，就要明确文章的主题、字数、写作风格等要求，下面通过具体的案例进行说明。

步骤 01 在文心一言的对话窗口中，输入相应的提示词，如图 2-1 所示。

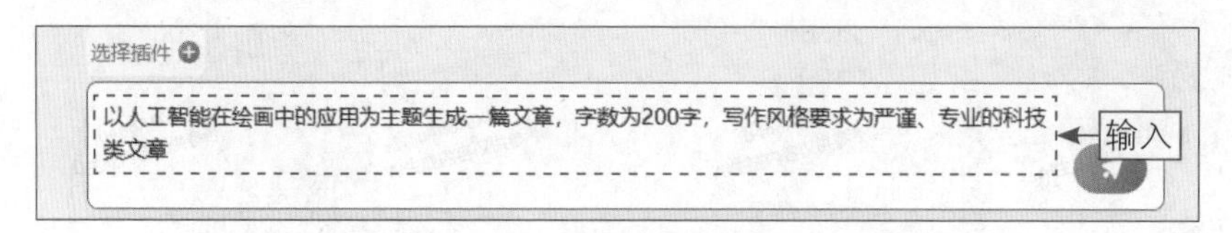

图 2-1　输入相应的提示词

步骤 02 按【Enter】键确认，AI 即可根据用户输入的主题、字数、写作风格等要求生成相应的文章，具体内容如图 2-2 所示。

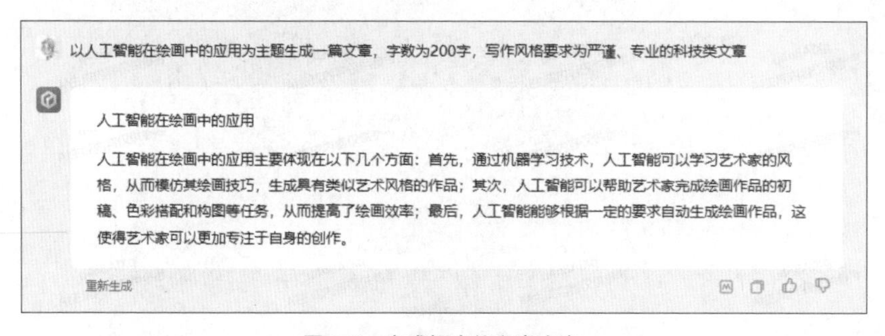

图 2-2　生成相应的文章内容

通过提供清晰的提示词，可以确保文心一言生成满足自身需求的高质量内容，减少错误和偏差。当然，要做到这一点，需要注意提示词的准确性和详细性，提示词应该清晰明确，涵盖所希望生成的内容的主题和要点。

实战 011　精心设计 Prompt 内容

扫码看教学视频

在设计 Prompt 内容时，要注重质量而非数量，尽可能提供详细、准确、具有启发性的信息，以激发 AI 的创造力。同时，还要避免提供过多的限制性信息，给 AI 留下一定的自由发挥空间。下面通过具体的案例对精心设计 Prompt 内容的要点进行说明。

步骤01 让文心一言根据主题“创新思维”生成一篇文章，在设计和提供Prompt内容时，可以在文心一言的对话窗口中输入相应的提示词，如图2-3所示。

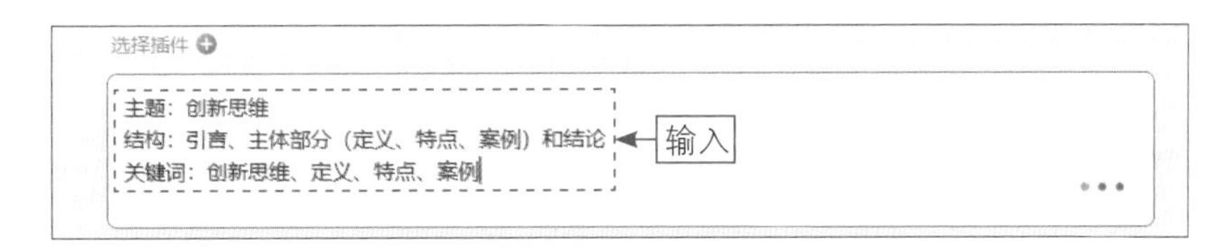

图2-3 输入相应的提示词

步骤02 按【Enter】键确认，AI即可根据用户输入的主题、结构、关键词等要求生成相应的文章，具体内容如图2-4所示。

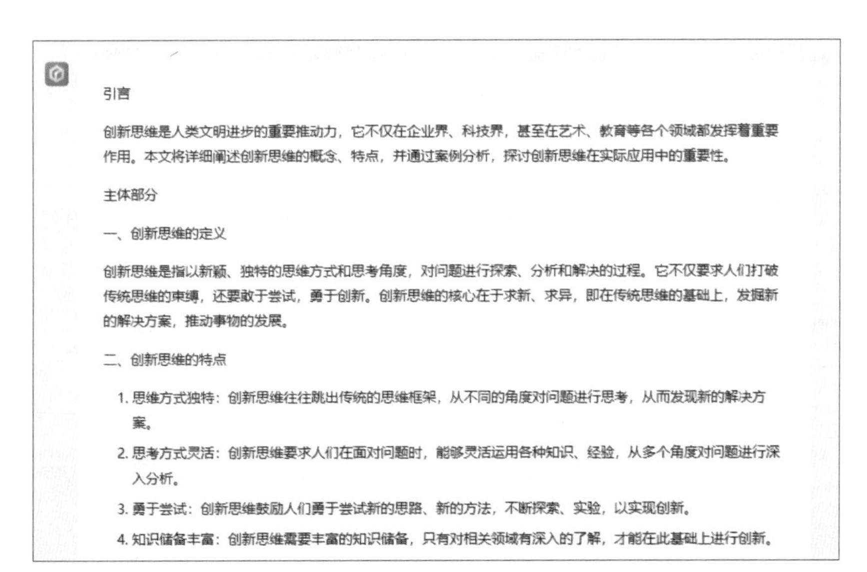
引言

创新思维是人类文明进步的重要推动力，它不仅在企业界、科技界，甚至在艺术、教育等各个领域都发挥着重要作用。本文将详细阐述创新思维的概念、特点，并通过案例分析，探讨创新思维在实际应用中的重要性。

主体部分

一、创新思维的定义

创新思维是指以新颖、独特的思维方式和思考角度，对问题进行探索、分析和解决的过程。它不仅要求人们打破传统思维的束缚，还要敢于尝试，勇于创新。创新思维的核心在于求新、求异，即在传统思维的基础上，发掘新的解决方案，推动事物的发展。

二、创新思维的特点

1. 思维方式独特：创新思维往往跳出传统的思维框架，从不同的角度对问题进行思考，从而发现新的解决方案。
2. 思考方式灵活：创新思维要求人们在面对问题时，能够灵活运用各种知识、经验，从多个角度对问题进行深入分析。
3. 勇于尝试：创新思维鼓励人们勇于尝试新的思路、新的方法，不断探索、实验，以实现创新。
4. 知识储备丰富：创新思维需要丰富的知识储备，只有对相关领域有深入的了解，才能在此基础上进行创新。

三、创新思维的案例

以苹果公司为例，苹果公司始终坚持创新理念，不断推动产品和技术的发展。从iPhone到iPad，再到Apple Watch，每一款产品的推出都在全球范围内引发了科技热潮。这其中，创新思维起到了关键作用。苹果公司的设计团队在产品研发过程中，不断探索新的设计理念，尝试新的技术应用，最终打造出独具特色的产品。

结论

创新思维是推动社会进步的重要力量，它鼓励人们勇于尝试、敢于创新。在未来的发展中，我们需要进一步培养和激发创新思维能力，将其应用于各个领域，推动科技进步、社会进步。同时，随着人工智能等新技术的不断发展，创新思维将在更多领域展现出其巨大的潜力。

在未来，我们应更加重视创新思维的培养和教育，鼓励人们以开放的视角看待问题，发掘新的解决方案。此外，我们还需不断学习，丰富自己的知识储备，为创新提供有力的支撑。相信在全社会共同努力下，创新思维将为人类文明进步描绘出更加美好的未来。

重新生成

图2-4 生成相应的文章内容

通过精心设计 Prompt 内容，可以更好地激发文心一言的创造力，使其生成更高质量的 AI 内容。在实际使用中，用户可以根据不同的需求和场景，灵活调整 Prompt 内容，以达到最佳的生成效果。

实战 012　使用自然语言

扫码看教学视频

自然语言是指人类日常使用的语言，包括口语和书面语。与计算机语言不同，自然语言是人类用来表述问题或需求的方式，几乎所有人都能轻松理解；而计算机语言则是人们为了与计算机进行交互而设计的特定语言，一般人是无法理解的。

在文心一言中，用户要尽量使用自然语言来写 Prompt，避免使用过于复杂或专业的语言。文心一言是基于自然语言处理的模型，使用自然语言写的 Prompt 可以让 AI 更好地理解用户的需求，并生成自然、流畅的回答。

下面通过具体的案例对使用自然语言写 Prompt 的要点进行说明。

步骤 01 在文心一言的对话窗口中，输入提示词“如何制作一杯拿铁咖啡？”，这种提示词就像是我们与普通人进行对话一样，如图 2-5 所示。

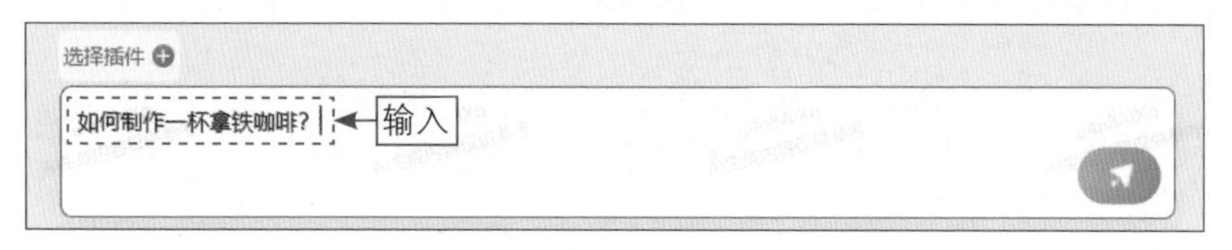

图 2-5　输入相应的提示词

步骤 02 按【Enter】键确认，AI 可以很好地理解问题的意图，从而产生更准确、更符合用户期望的回答，具体内容如图 2-6 所示。

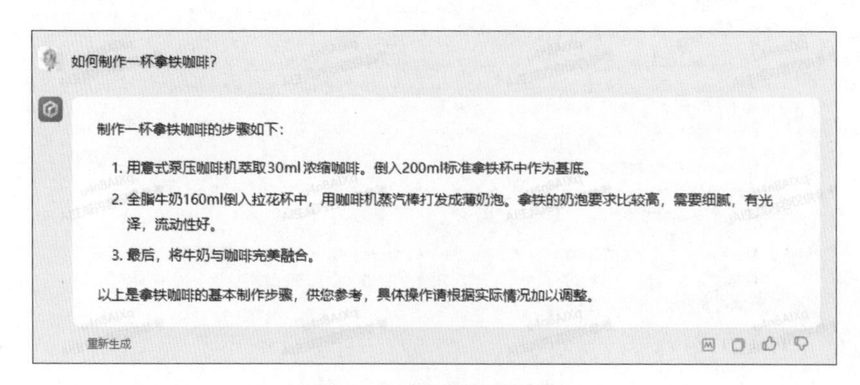

图 2-6　生成相应的回答内容

★ 专 家 提 醒 ★

文心一言的 Prompt 内容要简洁明了，避免使用过多的词汇或语句。过多的修饰反而会让 AI 抓不住重点，从而影响其生成的内容质量。

实战 013　提供示例和引导

扫码看教学视频

在 Prompt 中可以给 AI 提供一些示例和引导，从而帮助 AI 更好地理解用户的需求。例如，用户可以提供一些相关的话题、关键词或短语，或者描述一个场景或故事，下面通过具体的案例进行说明。

步骤 01 在文心一言的对话窗口中，输入相应的提示词，提示词的具体要求是将一段文本扩写为一篇小故事，并在后面给出了部分故事内容，如图 2-7 所示。

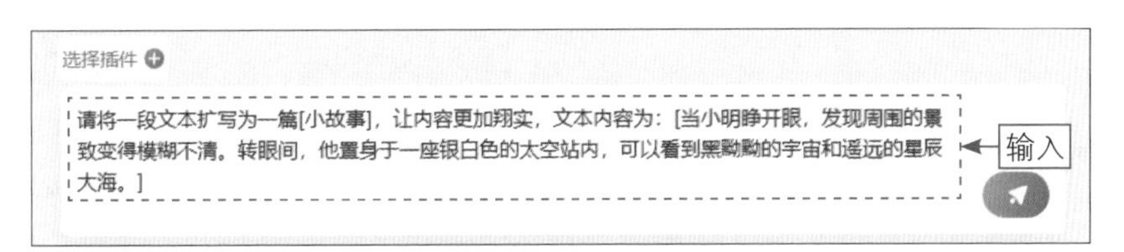

图 2-7　输入相应的提示词

步骤 02 按【Enter】键确认，AI 即可根据提示词中给出的部分故事内容进行扩写，得到一篇完整的故事内容，如图 2-8 所示。

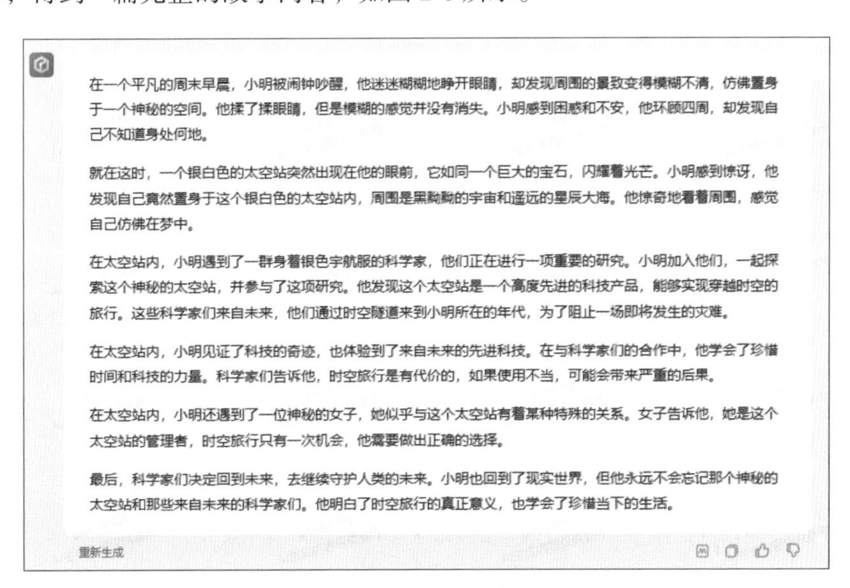

图 2-8　AI 对部分故事内容进行了扩写

实战 014　以问题的形式写 Prompt

用户可以采用问题的形式提出希望 AI 回答或讨论的内容，如“什么是机器学习及其应用领域”。注意，问题要明确具体，不要太宽泛，避免提出像“告诉我关于机器学习的全部知识是什么”这样过于开放式的问题。

另外，用户可以使用“如何”“为什么”“什么”等提问词来构建 Prompt，下面通过具体的案例进行说明。

步骤 01 在文心一言的对话窗口中，输入相应的提示词，其中用到了“为什么”这个提问词来引导 AI 进行解释或探讨，如图 2-9 所示。

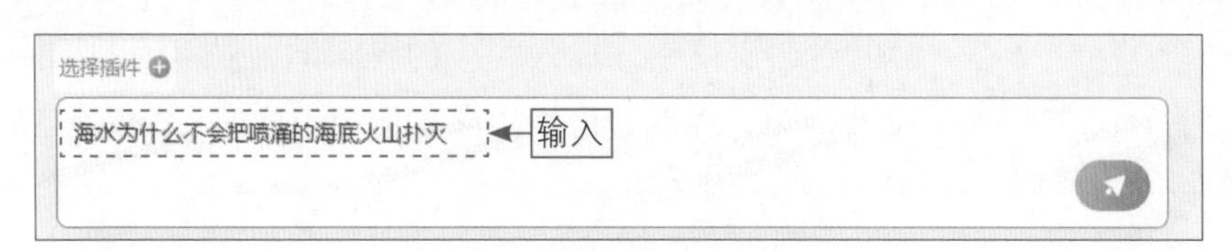

图 2-9　输入相应的提示词

步骤 02 按【Enter】键确认，即可通过问题的形式与 AI 进行更加流畅、高效的交互，并得到优质的回答，具体内容如图 2-10 所示。

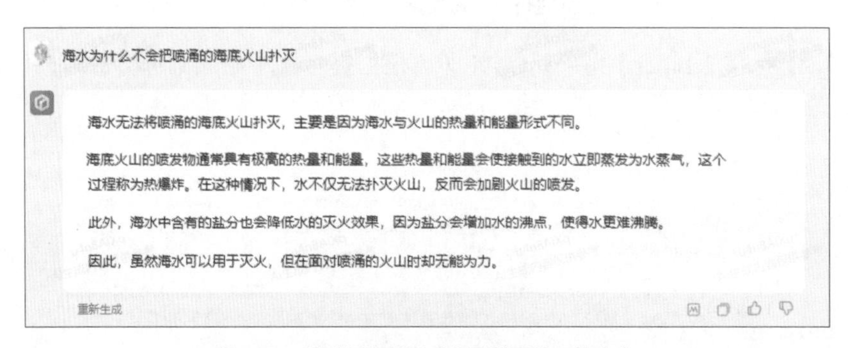

图 2-10　通过问题的形式得到优质的回答内容

以问题的形式写 Prompt 的相关技巧如下。

- 将问题分解成多个小问题，每次只提出一个具体的问题，然后再根据 AI 的回答进行追问，使对话内容的主题更加明确。
- 在问题中提供足够的背景和上下文信息，让 AI 充分理解自己的意图，可以先简要描述背景，然后再提出相关问题。
- 使用 AI 回答中提供的信息进行进一步提问，使对话内容更加深入。
- 使用不同的表述方式进行提问，评估不同问题的回答质量。

• 尝试使用一系列相关的问题探索一个主题。

• 如果 AI 的回答没有完全满足你的要求，可以重新提问，通过修改提问的方式来获得更好的回答。

• 提出稍微开放式的问题，避免 AI 只能回答 yes/no 的关闭式问题，让 AI 给出更长、更全面的回答。

• 遵循由表及里的提问顺序，从基本的问题出发，再深入到具体的细节，不要一次性提出很多问题。

实战 015　使用具体的细节和信息

在 Prompt 中提供具体、详细的细节和信息，可以帮助 AI 更好地理解你的需求，从而生成更加准确、具体的回答，下面通过具体的案例进行说明。

步骤 01 在文心一言的对话窗口中，输入相应的提示词，对于这种要求解释或描述某个知识点的 Prompt，可以先让 AI 扮演某个专业身份，然后再简要说明这个知识点的具体来源等背景信息，如图 2-11 所示。

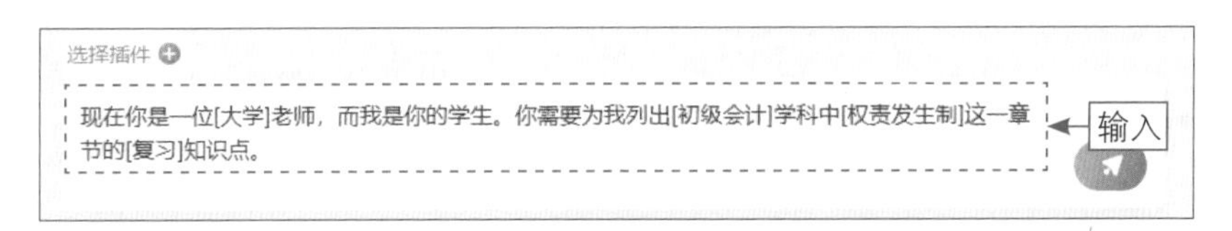

图 2-11　输入相应的提示词

步骤 02 按【Enter】键确认，通过在 Prompt 中提供充足的细节和背景信息，可以帮助 AI 生成更加准确、令人满意的回答，具体内容如图 2-12 所示。

关于在 Prompt 中添加细节和信息的一些具体建议如下。

• 对于场景类的 Prompt，可以在其中描述人物身份、场景时间、发生地点等详细信息。

• 提供你已经知道的与 Prompt 相关的任何信息和细节，都可以帮助 AI 理解你的意图。

• 避免提供与 Prompt 请求无关的细节，否则可能会让 AI 分心或误解你的意图。

• 根据 AI 的回答补充更多相关细节，使对话层层深入。

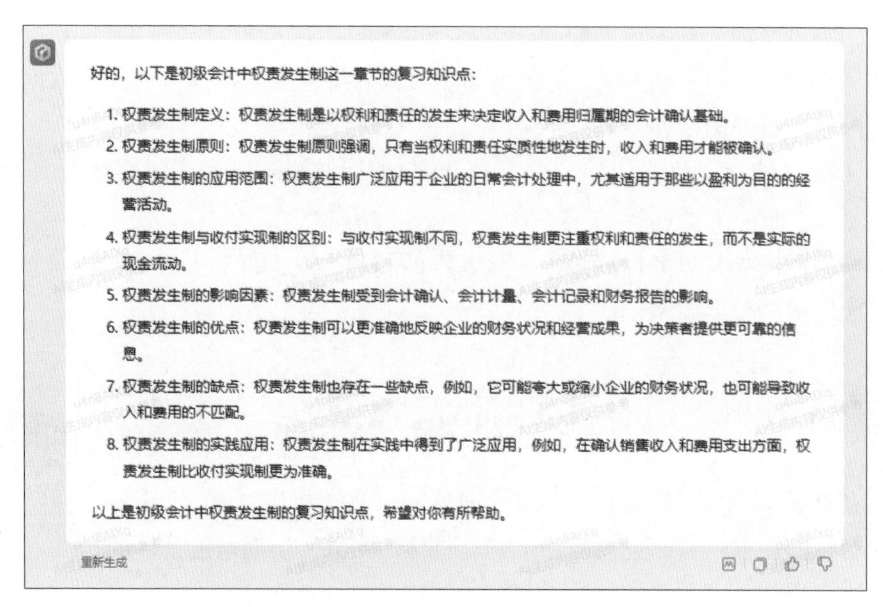

图 2-12　AI 生成的更加准确、令人满意的回答

实战 016　指定 AI 输出的格式要求

扫码看教学视频

用户可以指定文心一言输出的格式要求，可以要求以列表形式回答、限定字数长度等，以便得到更易于消化的回答，下面通过具体的案例进行说明。

步骤 01 在文心一言的对话窗口中，输入相应的提示词，要求 AI 通过列表的形式对答案进行展示，如图 2-13 所示。

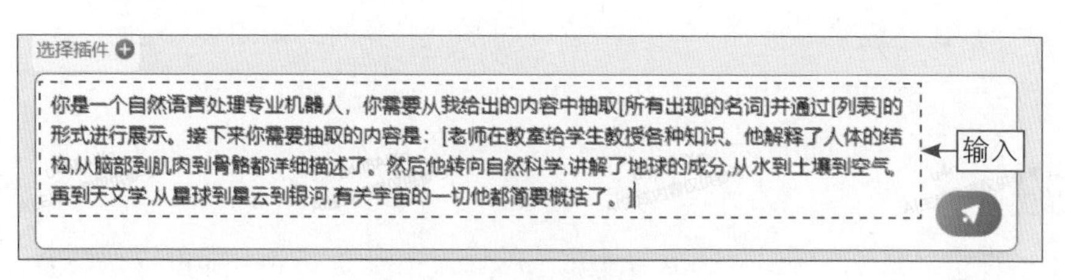

图 2-13　输入相应的提示词

步骤 02 按【Enter】键确认，AI 即可从文本中抽取相应的名词列表，具体内容如图 2-14 所示。

在 Prompt 中指定输出格式要求时可以使用下列几个技巧。

• 明确指出需要的格式类型，如“请用列表的格式来回答”。

图 2-14　从文本中抽取相应的名词列表

- 指定段落结构，如“请在第一段简要总结，然后在以下各段详细阐述”。
- 限制输出长度，如“请用不超过 500 字来概述”“请用 1 ～ 2 句话说明”。
- 指定语气和风格，如“请用通俗易懂的语言进行解释”。
- 指定关键信息的突出显示，如“请用粗体字标出你的主要观点”。
- 要求补充例子或图像，如“请给出 2 ～ 3 个例子来佐证你的观点”。
- 指定回复的语言，如“请用简单的英语回答”。
- 要求对比不同观点，如“请先阐述 A 的观点，然后对比 B 的不同看法”。
- 给出预期的格式样本，要求 AI 仿照该格式生成内容。

实战 017　提供上下文信息

用户可以在 Prompt 中提供足够的上下文信息，以便 AI 能够理解你的意图并生成准确的内容，下面通过具体的案例进行说明。

步骤 01 在文心一言的对话窗口中，输入相应的提示词，通过明确指出文章主题，并预先提供各段落的要点提示，可以让 AI 更好地把握写作意图，以及文章的逻辑结构和内容重点，如图 2-15 所示。

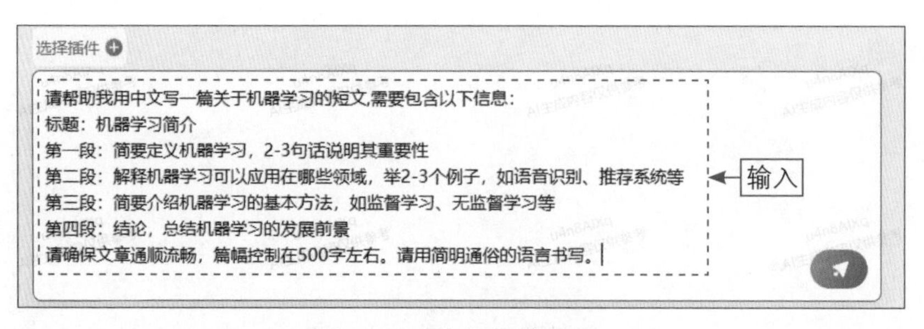

图 2-15 输入相应的提示词

步骤02 按【Enter】键确认，AI 即可生成连贯且结构清晰的短文，同时也能够避免 AI 漫无边际地胡言乱语，具体内容如图 2-16 所示。

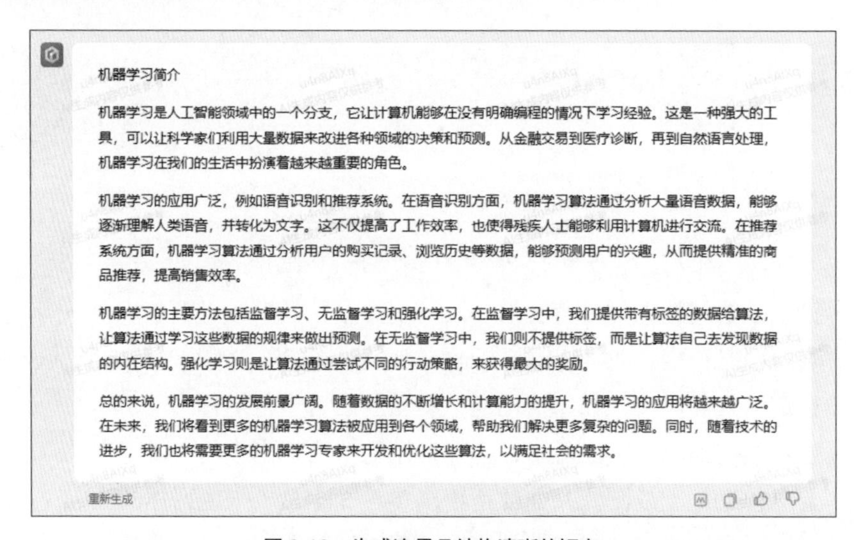

图 2-16 生成连贯且结构清晰的短文

此外，用户还应该考虑 Prompt 内容的逻辑性和连贯性。通过合理的提示词，可以确保文心一言生成的内容具有清晰的逻辑结构和连贯的段落，这样有助于提高内容的可读性和吸引力。

在编写 Prompt 时，用户可以通过以下几个技巧来帮助 AI 理解并生成连贯、逻辑清晰的内容，而不只是零散的信息。

• 在 Prompt 开头简要描述一下要生成文章的主题和背景，让 AI 明确写作意图。

• 使用提示词预先规划全文的结构，例如，采用提纲式列出几个需要的段落，以及每个段落需要包含的主要信息点，并在提纲的每个段落提示中提供一些背景详情，使 AI 能生成相关的段落内容。

• 使用一致的过渡词语连接各个段落，如“首先”“其次”等，使全文更加通顺连贯。

• 可以提供一些关键词，让 AI 根据这些关键词探讨相关的概念和细节，使内容更丰富准确。

• 如果有需要，用户也可以提供一些实际的例子或数据让 AI 引用，增加内容的说服力。

• 最后简要概括全文要表达的主要观点，完成全文的结构架构。

★ 专家提醒 ★

在写好 Prompt 后，用户还需要进行测试和调整，可以多次尝试使用文心一言进行回答，观察它生成的答案是否符合预期，从而判断是否需要对 Prompt 进行调整。

实战 018 使用肯定的语言

扫码看教学视频

在 Prompt 中使用肯定的语言，可以给文心一言一个积极的开始，从而让 AI 生成更符合要求的结果，下面通过具体的案例进行说明。

步骤 01 假设想要文心一言推荐几部优质的科幻电影，可以输入相应的提示词，这是使用肯定语言的 Prompt，如图 2-17 所示。

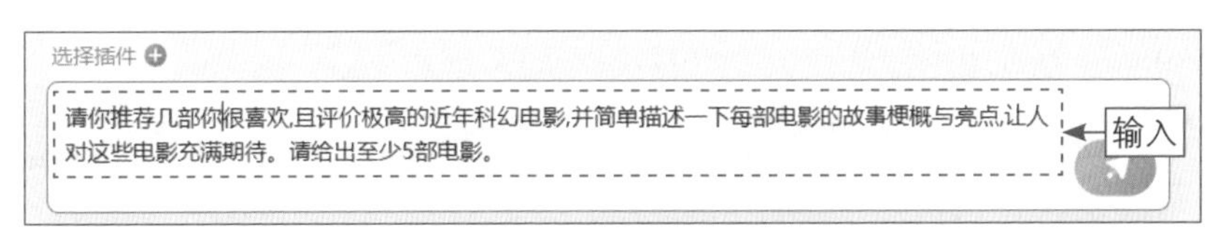

图 2-17 输入相应的提示词

步骤 02 按【Enter】键确认，这种肯定的语气可以让 AI 给出较为主动积极的回复，具体内容如图 2-18 所示。

使用正确的肯定语气，可以最大限度地激发 AI 的正面回应，提高 Prompt 的有效性，相关技巧如下。

• 使用积极的词语，如“请”“建议”“提供”，而不是“不要”“避免”等否定词。

• 表达对文心一言的 AI 能力的信任和期待，如“相信你能给出最佳建议”。

• 使用令人愉悦的词语，如“非常感谢”“十分赞赏”，营造友好氛围。

• 避免使用命令式语气，而是以请求的方式提问。

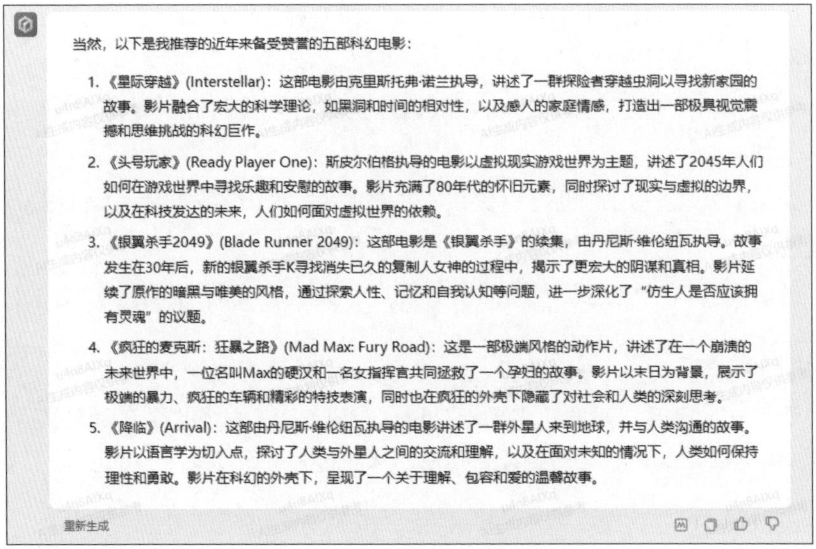

当然，以下是我推荐的近年来备受赞誉的五部科幻电影：

1. 《星际穿越》(Interstellar)：这部电影由克里斯托弗·诺兰执导，讲述了一群探险者穿越虫洞以寻找新家园的故事。影片融合了宏大的科学理论，如黑洞和时间的相对性，以及感人的家庭情感，打造出一部极具视觉震撼和思维挑战的科幻巨作。
2. 《头号玩家》(Ready Player One)：斯皮尔伯格执导的电影以虚拟现实游戏世界为主题，讲述了2045年人们如何在游戏世界中寻找乐趣和安慰的故事。影片充满了80年代的怀旧元素，同时探讨了现实与虚拟的边界，以及在科技发达的未来，人们如何面对虚拟世界的依赖。
3. 《银翼杀手2049》(Blade Runner 2049)：这部电影是《银翼杀手》的续集，由丹尼斯·维伦纽瓦执导。故事发生在30年后，新的银翼杀手K寻找消失已久的复制人女神的过程中，揭示了更宏大的阴谋和真相。影片延续了原作的暗黑与唯美的风格，通过探索人性、记忆和自我认知等问题，进一步深化了“仿生人是否应该拥有灵魂”的议题。
4. 《疯狂的麦克斯：狂暴之路》(Mad Max: Fury Road)：这是一部极端风格的动作片，讲述了在一个崩溃的未来世界中，一位名叫Max的硬汉和一名女指挥官共同拯救了一个孕妇的故事。影片以末日为背景，展示了极端的暴力、疯狂的车辆和精彩的特技表演，同时也在疯狂的外壳下隐藏了对社会和人类的深刻思考。
5. 《降临》(Arrival)：这部由丹尼斯·维伦纽瓦执导的电影讲述了一群外星人来到地球，并与人类沟通的故事。影片以语言学为切入点，探讨了人类与外星人之间的交流和理解，以及在面对未知的情况下，人类如何保持理性和勇敢。影片在科幻的外壳下，呈现了一个关于理解、包容和爱的温馨故事。

重新生成

图 2-18　较为主动积极的回复内容

• 对需要 AI 回答的内容，可以用积极的词语进行描述，如“精彩的点子”“最有见地的分析”。

• 在 Prompt 中表达出 AI 输出内容能起到正面作用的期许，如“这些建议如果执行将极有帮助”。

• 使用问题形式的 Prompt，如使用“怎样才能……”等肯定词，而非“为何无法……”等否定词。

• 在 Prompt 中塑造正面积极的场景和人物关系。

• 提出有意义、目标正面的请求，不要提出无意义或负面的要求。

实战 019　假设角色身份提问

扫码看教学视频

用户可以假设一个角色的身份并提出问题，这样可以为文心一言提供更明确的情境，下面通过具体的案例进行说明。

步骤 01 假设场景是需要文心一言推荐几部适合小孩观看的动画电影，通常直接写的 Prompt 可能是“请推荐几部适合 5 ～ 8 岁小孩观看的动画电影”，而如果假定一个母亲的角色，则可以在文心一言的对话窗口中输入相应的提示词，如图 2-19 所示。

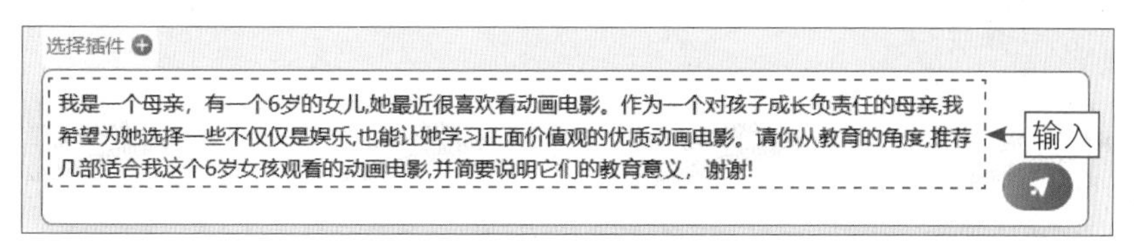

图 2-19　输入相应的提示词

步骤 02 按【Enter】键确认，通过在Prompt中设置具体的母亲角色和背景情境，可以让AI更好地把握电影推荐的要求和标准，从而给出更符合实际需求的结果，具体内容如图2-20所示。

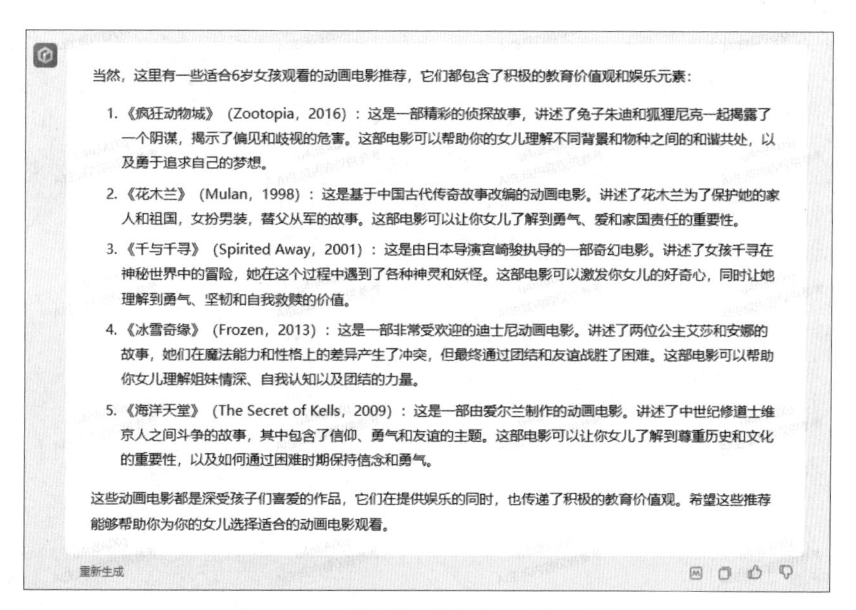

图 2-20　AI 给出的更符合实际需求的结果

需要注意的是，角色设置要具体和明确，如学生、医生、客户等，避免过于宽泛的角色设置。同时，背景情境要尽量描述充分，以帮助 AI 更好地理解该角色的视角。另外，角色的请求要用第一人称表达，增加代入感和逼真度。

第 3 章

16 种 AI 指令模板，更好地进行人机交互

用户可以使用“一言百宝箱”页面中的各种预设指令模板，更好地与 AI 进行对话。这些指令模板经过文心一言的精心设计，可以在不同的场景中引导 AI 生成最佳回复内容。掌握 AI 指令模板的使用技巧，可以大大减少试错成本，提高人机交互效率。

实战 020　使用人物对话指令获得新思路

扫码看教学视频

“人物对话”指令模板有解决问题的妙用，用户可以通过设定虚拟角色对话，让文心一言站在他人视角提供建议，从而获得更多新的思路。下面介绍使用“人物对话”指令获得新思路的操作方法。

步骤 01 进入文心一言主页，单击“一言百宝箱”按钮，如图 3-1 所示。

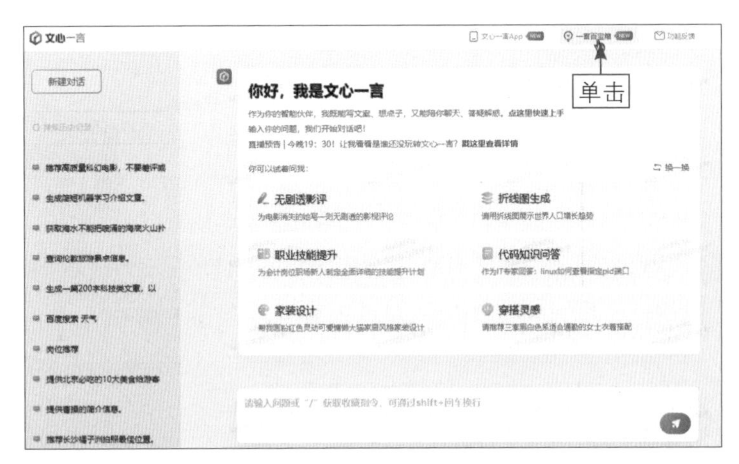

图 3-1　单击“一言百宝箱”按钮

步骤 02 执行操作后，进入“一言百宝箱”（原“指令中心”）页面，在左侧导航栏中选择“人物对话”标签，如图 3-2 所示。

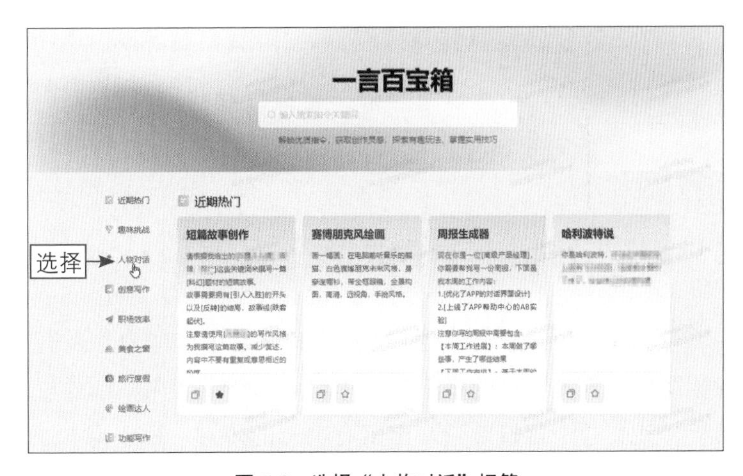

图 3-2　选择“人物对话”标签

步骤 03 执行操作后，切换至“人物对话”选项卡，选择相应的指令模板，单击“使用”按钮，如图 3-3 所示。

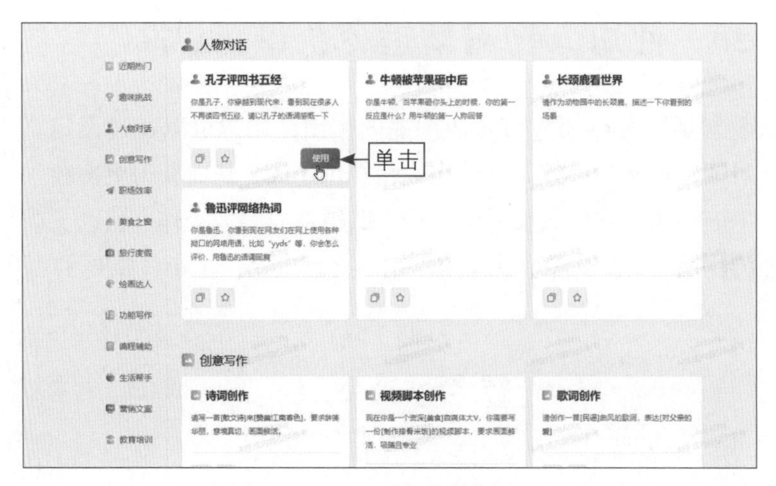

图 3-3　单击“使用”按钮

步骤 04 执行操作后，即可将所选的指令模板自动填入到提示词输入框中，按【Enter】键确认，即可生成相应的对话内容，如图 3-4 所示。

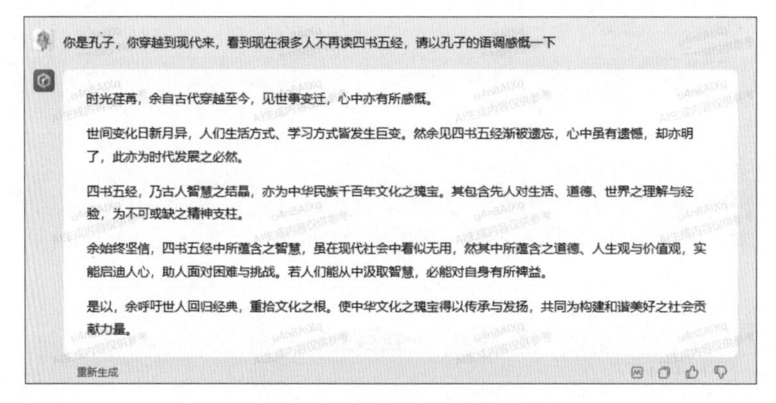

图 3-4　生成相应的对话内容

实战 021　使用创意写作指令生成歌词

扫码看教学视频

文心一言作为一个强大的语言 AI 工具，其文本生成能力让人们看到了人工智能辅助人类创作的可能性。用户可以尝试使用“创意写作”指令模板，让文心一言自动撰写出富有美感的诗词、视频脚本、歌词、文章等内容。

用户只需要给出指定形式、内容要求或风格关键词，文心一言就可以基于自己积累的海量语言知识，创作出栩栩如生的文学作品，具体操作方法如下。

步骤 01 进入文心一言的“一言百宝箱”页面，在左侧导航栏中选择“创意写作”标签切换至该选项卡，选择相应的指令模板，如“歌词创作”，单击“使用”按钮，如图 3-5 所示。

图 3-5　单击“使用”按钮

步骤 02 执行操作后，即可将所选的指令模板自动填入到提示词输入框中，对中括号中的提示词进行适当修改，按【Enter】键确认，即可生成相应的歌词内容，部分内容如图 3-6 所示。

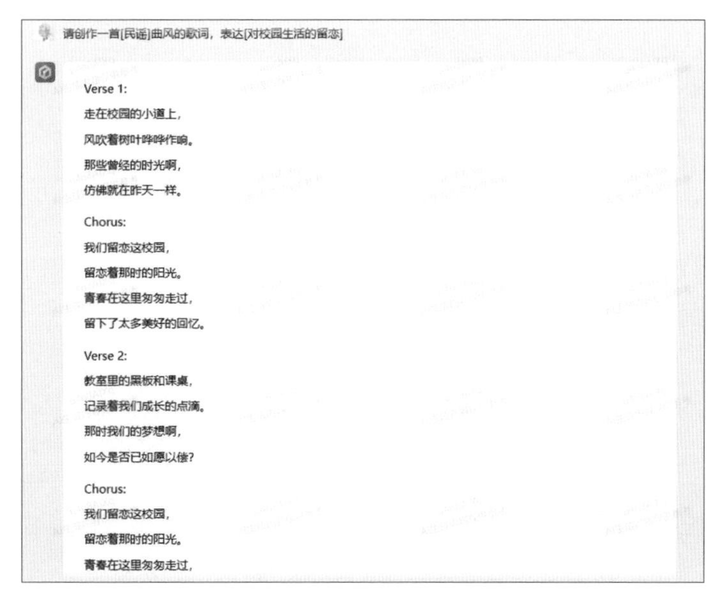

图 3-6　生成相应的歌词内容

实战 022　使用职场效率指令撰写工作计划

扫码看教学视频

忙碌的工作和生活，常常让人们无暇去积极地规划未来，如果有一个效率专家助手，能够帮人们制定合理的工作计划，那该多好！

现在，文心一言就可以扮演这样的智能助理角色，只需给出工作任务、时间期限等基本指令，文心一言就可以基于丰富的知识，自动安排一个高效合理的工作计划，它还可以考虑假期等因素，使工作计划更符合实际，具体操作方法如下。

步骤 01 进入文心一言的“一言百宝箱”页面，在左侧导航栏中选择“职场效率”标签切换至该选项卡，选择相应的指令模板，如“工作计划撰写”，单击“使用”按钮，如图 3-7 所示。

图 3-7　单击“使用”按钮

步骤 02 执行操作后，即可将所选的指令模板自动填入到提示词输入框中，对中括号中的提示词进行适当修改，如图 3-8 所示。

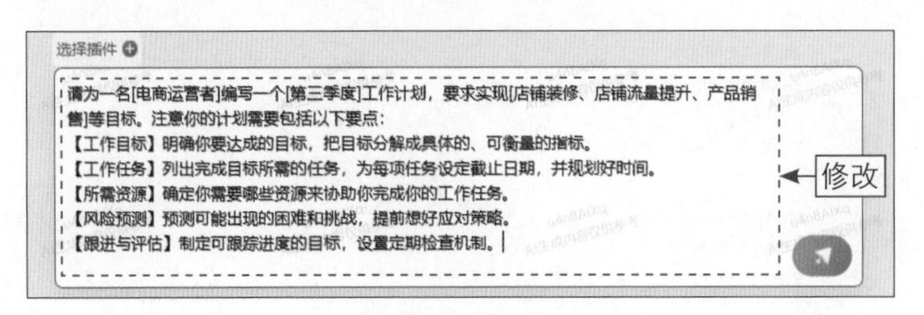

图 3-8　修改提示词

步骤 03 按【Enter】键确认，即可生成相应的工作计划内容，具体内容包括工作目标、工作任务、所需资源、风险预测、跟进与评估等部分，可以帮助用户用“AI之力”提升工作效率，锦上添花地完成工作中的每一项任务，如图3-9所示。

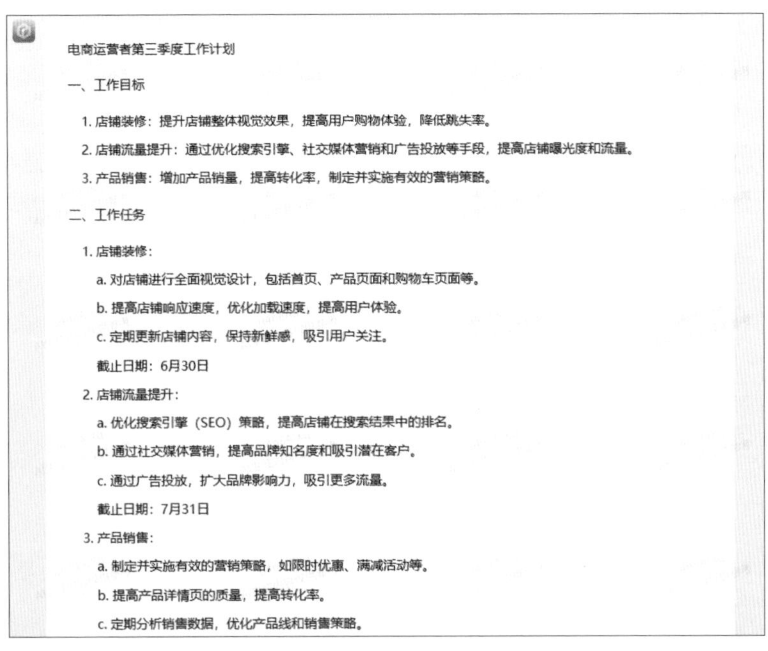

电商运营者第三季度工作计划

一、工作目标

1. 店铺装修：提升店铺整体视觉效果，提高用户购物体验，降低跳失率。

2. 店铺流量提升：通过优化搜索引擎、社交媒体营销和广告投放等手段，提高店铺曝光度和流量。

3. 产品销售：增加产品销量，提高转化率，制定并实施有效的营销策略。

二、工作任务

1. 店铺装修：

a. 对店铺进行全面视觉设计，包括首页、产品页面和购物车页面等。

b. 提高店铺响应速度，优化加载速度，提高用户体验。

c. 定期更新店铺内容，保持新鲜感，吸引用户关注。

截止日期：6月30日

2. 店铺流量提升：

a. 优化搜索引擎（SEO）策略，提高店铺在搜索结果中的排名。

b. 通过社交媒体营销，提高品牌知名度和吸引潜在客户。

c. 通过广告投放，扩大品牌影响力，吸引更多流量。

截止日期：7月31日

3. 产品销售：

a. 制定并实施有效的营销策略，如限时优惠、满减活动等。

b. 提高产品详情页的质量，提高转化率。

c. 定期分析销售数据，优化产品线和销售策略。

截止日期：9月30日

三、所需资源

1. 人员：设计师、营销专员、数据分析师。

2. 时间：每周5天，每天8小时。

3. 物资：电脑设备、办公用品等。

4. 预算：店铺装修费用、广告投放费用、社交媒体推广费用等。

四、风险预测

1. 设计师离职导致店铺装修进度受影响。

应对策略：提前与设计师沟通，了解其离职时间，做好交接工作，确保店铺装修顺利进行。

2. 广告投放效果不佳，导致预算浪费。

应对策略：定期分析广告投放效果，及时调整广告策略，确保预算的有效利用。

3. 销售数据波动较大，难以预测未来趋势。

应对策略：建立长期的数据监测和分析系统，对销售数据进行深入挖掘，预测未来趋势。

五、跟进与评估

1. 每周进行工作进度汇报，及时了解各项任务的完成情况。

2. 每两周进行一次团队会议，讨论工作中遇到的问题，分享成功经验和最佳实践。

3. 每月进行一次业绩评估，分析各项指标的完成情况，调整工作计划和策略。

4. 每季度进行一次全面的风险评估，发现并解决潜在的风险问题。

通过以上工作计划的实施，我相信在第三季度能够实现电商运营的店铺装修、店铺流量提升和产品销售目标，为公司的业务发展贡献自己的力量。

图3-9　生成相应的工作计划内容

实战 023　使用美食之窗指令推荐区域美食

扫码看教学视频

文心一言这个智能助手，就像一个吃遍全国每一个角落的旅行家，积累了丰富的美食知识。在任何一个陌生的地方，文心一言都可以为人们快速推荐当地的特色美食和最值得去的餐厅，不必再为在异乡寻找美食而绞尽脑汁，具体操作方法如下。

步骤 01 进入文心一言的“一言百宝箱”页面，在左侧导航栏中选择“美食之窗”标签切换至该选项卡，选择相应的指令模板，如“区域美食推荐”，单击“使用”按钮，如图 3-10 所示。

图 3-10　单击“使用”按钮

步骤 02 执行操作后，即可将所选的指令模板自动填入到提示词输入框中，对相应的地点提示词进行适当修改，如图 3-11 所示。

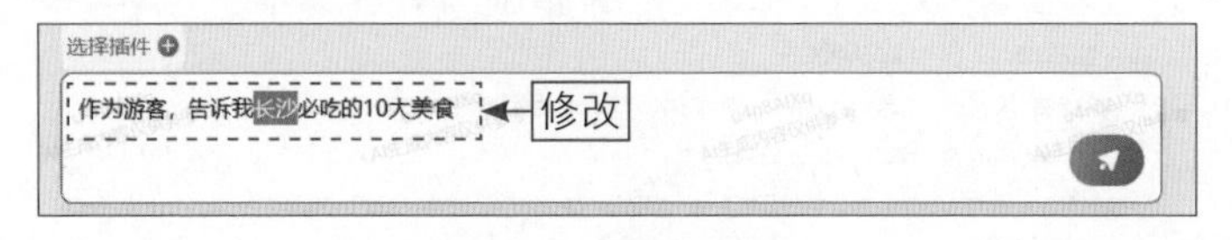

图 3-11　修改提示词

步骤 03 按【Enter】键确认，即可生成相应的美食推荐内容，把各种美食的原料、味道、特色等都描述得比较到位，如图 3-12 所示。

需要注意的是，AI 推荐的美食比较笼统，甚至有时还会出现一些明显错误。因此，用户也可以提供一些具体的提示词，如地区、口味、菜系等，来生成更加专业可信的美食推荐内容。

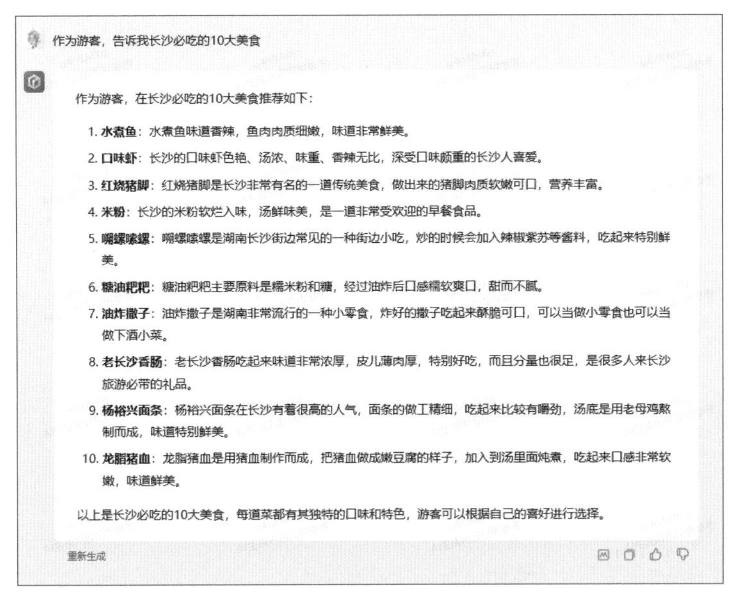

图 3-12 生成相应的美食推荐内容

实战 024 使用旅行度假指令获取徒步路线

扫码看教学视频

只需告诉文心一言目的地，它就可以快速地规划出一条最优徒步路线，使人们再也不用为了路线选择而浪费宝贵的出游时间，具体操作方法如下。

步骤 01 进入文心一言的“一言百宝箱”页面，在左侧导航栏中选择“旅行度假”标签切换至该选项卡，选择相应的指令模板，如“徒步路线”，单击“使用”按钮，如图 3-13 所示。

图 3-13 单击“使用”按钮

步骤 02 执行操作后，即可将所选的指令模板自动填入到提示词输入框中，对相应的地点提示词进行适当修改，如图 3-14 所示。

图 3-14　修改提示词

步骤 03 按【Enter】键确认，即可生成相应的徒步路线内容，包括具体的路线、徒步距离和爬升高度，并以表格的形式列出来，如图 3-15 所示。

推荐5条江西萍乡武功山风景区重装徒步路线，请以表格的形式列出徒步线路、徒步距离、爬升高度

以下是5条江西萍乡武功山风景区的重装徒步路线，包括徒步线路、徒步距离和爬升高度。

路线	徒步距离（公里）	爬升高度（米）
龙山村-发云界-金顶路线	17	1800
千丈岩-龙门阁-金顶路线	12	1200
明月山-羊狮幕-金顶反穿路线	14	1500
龙山村-绝望坡-金顶路线	9	1200
明月山-云谷飞瀑-千丈岩路线	10	1000

请注意，这些路线仅供参考，实际路线和数据可能会因天气、地形等因素而有所不同。在选择路线时，请确保自身具备足够的徒步经验和体能。同时，建议在徒步前详细了解路线情况，并携带足够的装备和补给。

重新生成

图 3-15　生成相应的徒步路线内容

需要注意的是，AI 推荐的徒步路线仅供参考，不可以完全依赖，甚至还会出现乱窜地名的情况，因此还需要用户自己针对实际情况进行评估和修改，制定切实可行的旅行计划，保证安全至上。另外，在确定线路前，用户还必须考虑自身的身体条件和徒步经验，不要选择超出能力的路线，并时刻与其他伙伴保持沟通，了解彼此的状况。

实战 025　使用绘画达人指令生成工艺画

扫码看教学视频

工艺画是一种绘画技术与工艺技术相结合的画种，具有较高的艺术价值和审美意义，其制作过程需要精雕细琢，每个工序都需要精湛的技艺和精细的操作才能完成。借助文心一言的“绘画达人”指令模板即可轻松生成工艺画，具体操作方法如下。

步骤 01 进入文心一言的“一言百宝箱”页面，在左侧导航栏中选择“绘画

达人”标签切换至该选项卡，选择相应的指令模板，如“精美工艺画”，单击“使用”按钮，如图 3-16 所示。

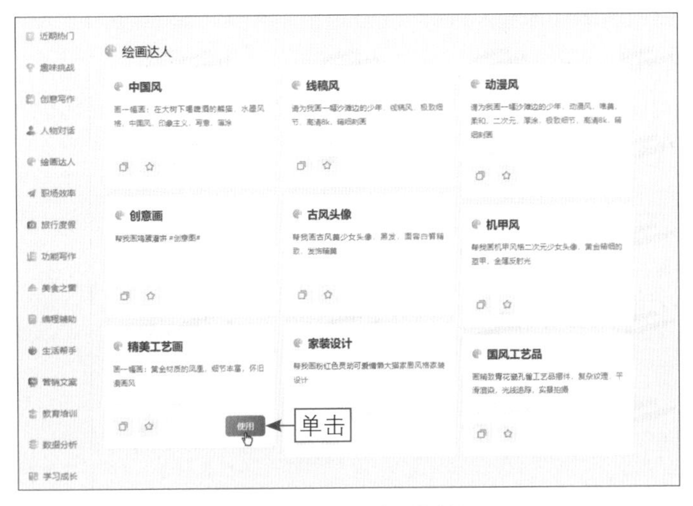

图 3-16　单击“使用”按钮

步骤 02 执行操作后，即可将所选的指令模板自动填入到提示词输入框中，按【Enter】键确认，即可生成相应的工艺画，效果如图 3-17 所示。

图 3-17　生成相应的工艺画效果

实战 026　使用编程辅助指令生成 Python 代码

Python 是一种高级、通用、解释型的编程语言，被广泛用于各种应用领域，包括网站开发、数据分析、人工智能、科学计算、游戏开发等。用户借助文心一言的“编程辅助”指令模板，即可轻松编写

扫码看教学视频

高质量的Python代码，具体操作方法如下。

步骤01 进入文心一言的“一言百宝箱”页面，在左侧导航栏中选择“编程辅助”标签切换至该选项卡，选择相应的指令模板，如“代码生成”，单击“使用”按钮，如图3-18所示。

图3-18 单击“使用”按钮

步骤02 执行操作后，即可将所选的指令模板自动填入到提示词输入框中，按【Enter】键确认，即可生成相应的Python代码，如图3-19所示。

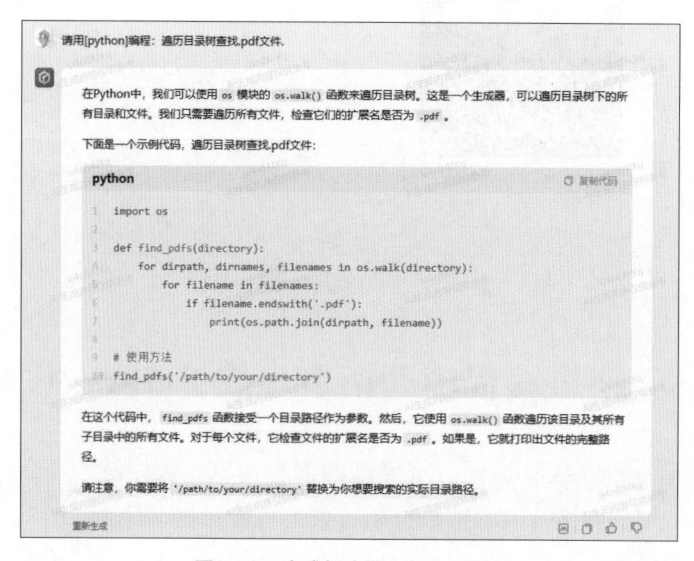

图3-19 生成相应的Python代码

实战 027 使用生活帮手指令制定健身计划

扫码看教学视频

健康的生活方式对于每个人都至关重要，而其中的一个关键部分就是定期进行健身活动。无论你是初学者还是经验丰富的健身爱好者，制定一个有效的健身计划都可以帮助你更好地实现自己的健康目标。

使用文心一言的“生活帮手”指令，可以轻松制定并管理健身计划，无论你是想增肌、减脂、提高体能还是改善整体健康状况，文心一言都可以帮助你制定出一个个性化的健身计划，具体操作方法如下。

步骤 01 进入文心一言的“一言百宝箱”页面，在左侧导航栏中选择“生活帮手”标签切换至该选项卡，选择相应的指令模板，如“健身计划”，单击“使用”按钮，如图 3-20 所示。

图 3-20 单击“使用”按钮

步骤 02 执行操作后，即可将所选的指令模板自动填入到提示词输入框中，对中括号中的提示词进行适当修改，如图 3-21 所示。

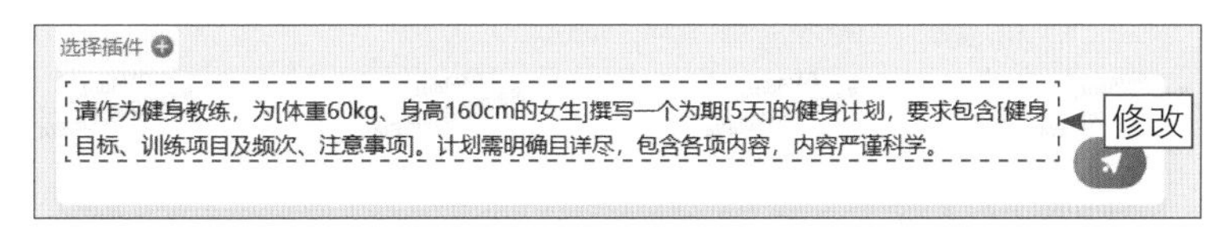

图 3-21 修改提示词

步骤 03 按【Enter】键确认，即可生成相应的健身计划，包括健身目标、训练项目及频次、注意事项等内容，如图 3-22 所示。

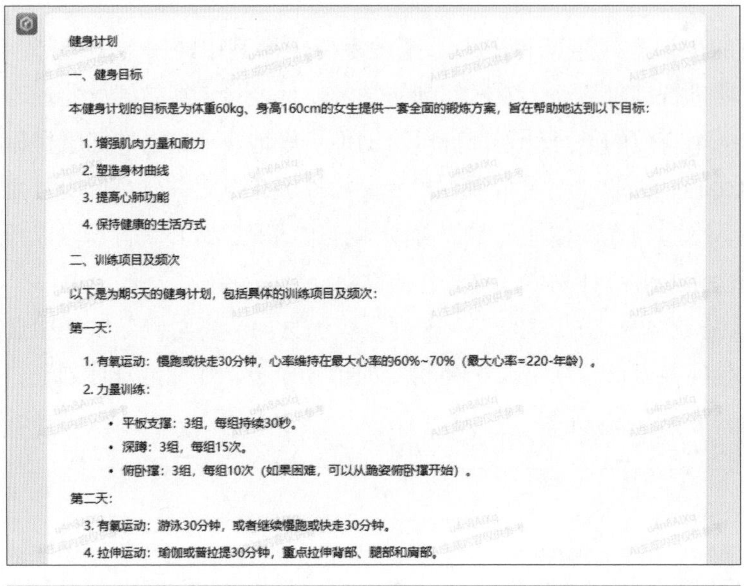

健身计划

一、健身目标

本健身计划的目标是为体重60kg、身高160cm的女生提供一套全面的锻炼方案，旨在帮助她达到以下目标：

1. 增强肌肉力量和耐力
2. 塑造身材曲线
3. 提高心肺功能
4. 保持健康的生活方式

二、训练项目及频次

以下是为期5天的健身计划，包括具体的训练项目及频次：

第一天：

1. 有氧运动：慢跑或快走30分钟，心率维持在最大心率的60%~70%（最大心率=220-年龄）。
2. 力量训练：
   - 平板支撑：3组，每组持续30秒。
   - 深蹲：3组，每组15次。
   - 俯卧撑：3组，每组10次（如果困难，可以从跪姿俯卧撑开始）。

第二天：

3. 有氧运动：游泳30分钟，或者继续慢跑或快走30分钟。
4. 拉伸运动：瑜伽或普拉提30分钟，重点拉伸背部、腿部和肩部。

第三天：

5. 有氧运动：高强度间歇训练15分钟，如在1分钟内尽力快速跳绳，然后休息1分钟，重复15次。
6. 力量训练：
   - 弹力带抗阻训练：3组，每组15次。
   - 仰卧起坐：3组，每组20次。

第四天：

7. 有氧运动：自行车骑行或者爬山30分钟。
8. 力量训练：与第三天相同。

第五天：

9. 有氧运动：高强度间歇训练15分钟，如全力奔跑1分钟，然后休息1分钟，重复15次。
10. 休息或放松性运动：散步或者静态拉伸。

整个训练周期中，有氧运动每周至少进行3次，力量训练每周2次，拉伸运动可以每天进行。如果有特殊情况或者身体不适，请暂停训练并咨询医生或健身教练。

三、注意事项

以下是训练过程中的注意事项：

1. 逐渐增加训练强度和时长，避免一开始就进行过度的训练，以免引起受伤或过度疲劳。
2. 在训练前和训练后都要充分热身和拉伸，以减少受伤的风险。
3. 保持饮食均衡，摄入足够的蛋白质和其他营养素，以支持肌肉的生长和恢复。
4. 保证充足的睡眠时间，有助于身体恢复和肌肉生长。
5. 在训练过程中，注意呼吸方式和节奏，避免屏气过度用力，以免引起身体不适。
6. 在进行力量训练时，注意正确的动作技巧和姿势，以减少受伤风险。
7. 如果有任何身体不适，应立即停止训练并寻求专业建议。
8. 在开始任何健身计划前，请先咨询医生或健身教练，了解自己的身体状况和适合的训练方式。

以上就是为期5天的健身计划，希望能帮助到你实现自己的健身目标。同时，请注意安全和合理安排训练时间，保持健康的生活方式。

重新生成

图 3-22　生成相应的健身计划内容

实战 028　使用营销文案指令生成产品广告片

扫码看教学视频

营销文案是一种书面内容，旨在吸引、引导和激发潜在客户的兴趣，以促使他们采取特定的行动，通常是购买产品、注册账号、订阅服务或与品牌互动。营销文案可以出现在各种媒体上，包括广告片、网站、社交媒体、电子邮件、宣传册、产品包装和其他宣传材料等。

使用文心一言可以快速写出各种营销文案，如写产品广告片相关的营销文案，具体操作方法如下。

步骤 01 进入文心一言的“一言百宝箱”页面，在左侧导航栏中选择“营销文案”标签切换至该选项卡，选择相应的指令模板，如“广告片文案”，单击“使用”按钮，如图 3-23 所示。

图 3-23　单击“使用”按钮

步骤 02 执行操作后，即可将所选的指令模板自动填入到提示词输入框中，对中括号中的提示词进行适当修改，如图 3-24 所示。

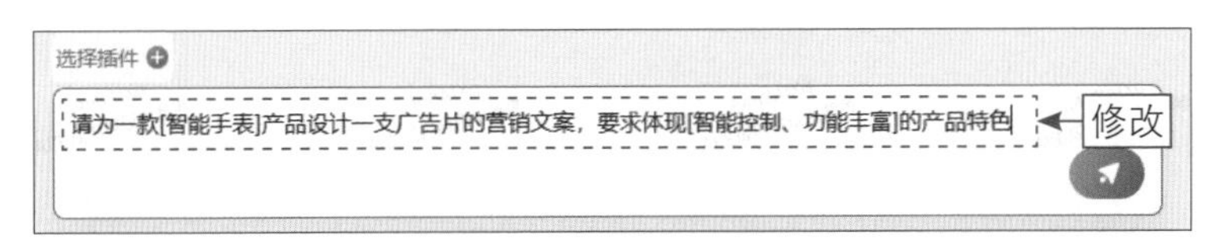

图 3-24　修改提示词

步骤 03 按【Enter】键确认，即可生成相应的产品广告片营销文案，包括具体的镜头情节、语言旁白等内容，可以轻松套用到广告片中，如图 3-25 所示。

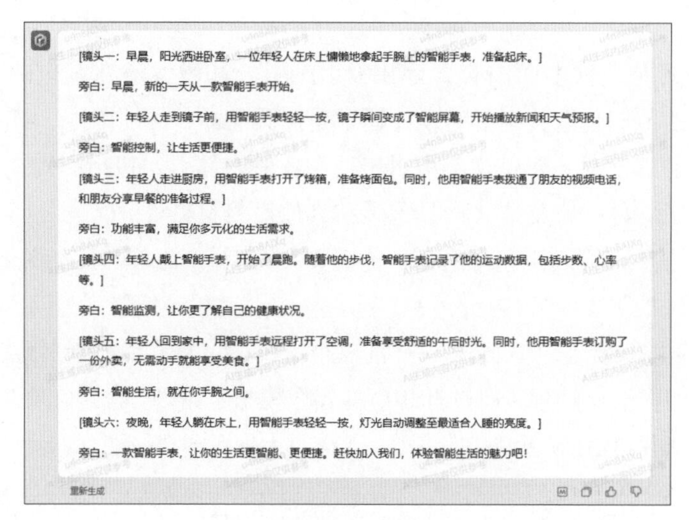

[镜头一：早晨，阳光洒进卧室，一位年轻人在床上慵懒地拿起手腕上的智能手表，准备起床。]

旁白：早晨，新的一天从一款智能手表开始。

[镜头二：年轻人走到镜子前，用智能手表轻轻一按，镜子瞬间变成了智能屏幕，开始播放新闻和天气预报。]

旁白：智能控制，让生活更便捷。

[镜头三：年轻人走进厨房，用智能手表打开了烤箱，准备烤面包。同时，他用智能手表拨通了朋友的视频电话，和朋友分享早餐的准备过程。]

旁白：功能丰富，满足你多元化的生活需求。

[镜头四：年轻人戴上智能手表，开始了晨跑。随着他的步伐，智能手表记录了他的运动数据，包括步数、心率等。]

旁白：智能监测，让你更了解自己的健康状况。

[镜头五：年轻人回到家中，用智能手表远程打开了空调，准备享受舒适的午后时光。同时，他用智能手表订购了一份外卖，无需动手就能享受美食。]

旁白：智能生活，就在你手腕之间。

[镜头六：夜晚，年轻人躺在床上，用智能手表轻轻一按，灯光自动调整至最适合入睡的亮度。]

旁白：一款智能手表，让你的生活更智能、更便捷。赶快加入我们，体验智能生活的魅力吧！

重新生成

图 3-25　生成相应的产品广告片营销文案

实战 029　使用教育培训指令设计课程大纲

扫码看教学视频

文心一言可以帮助教育工作者创建自定义的教育内容，如设计课程大纲，有助于提高教学效率，节省教育资源，并促进教育创新，具体操作方法如下。

步骤 01 进入文心一言的“一言百宝箱”页面，在左侧导航栏中选择“教育培训”标签切换至该选项卡，选择相应的指令模板，如“课程设计”，单击“使用”按钮，如图 3-26 所示。

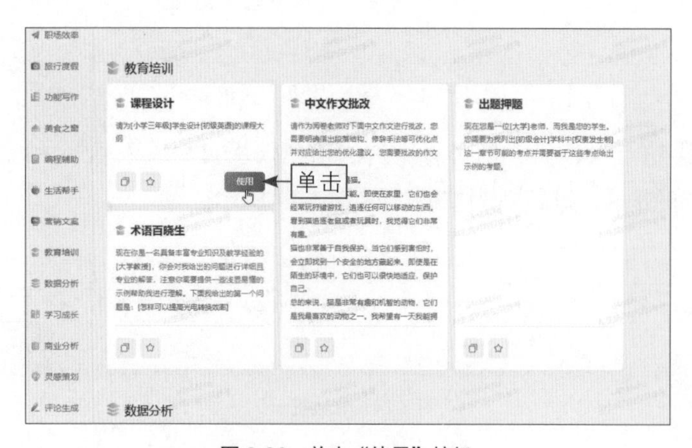

图 3-26　单击“使用”按钮

步骤 02 执行操作后，即可将所选的指令模板自动填入到提示词输入框中，对中括号中的提示词进行适当修改，如图 3-27 所示。

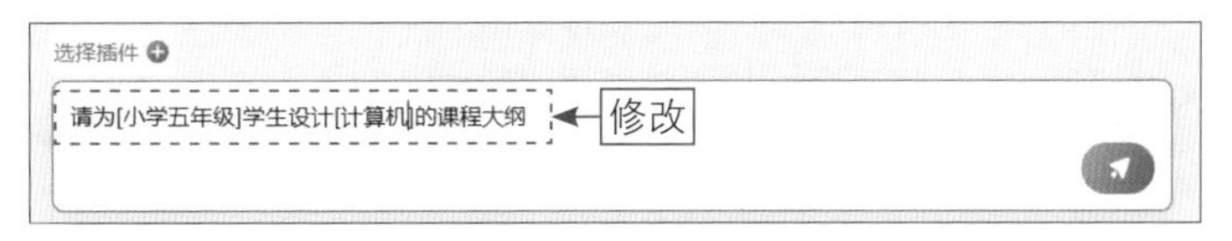

图 3-27　修改提示词

步骤 03 按【Enter】键确认，即可生成相应的课程大纲内容，包括课程目标、课程内容、课程形式、课程评估、教学资源、课程实施建议等，如图3-28所示。

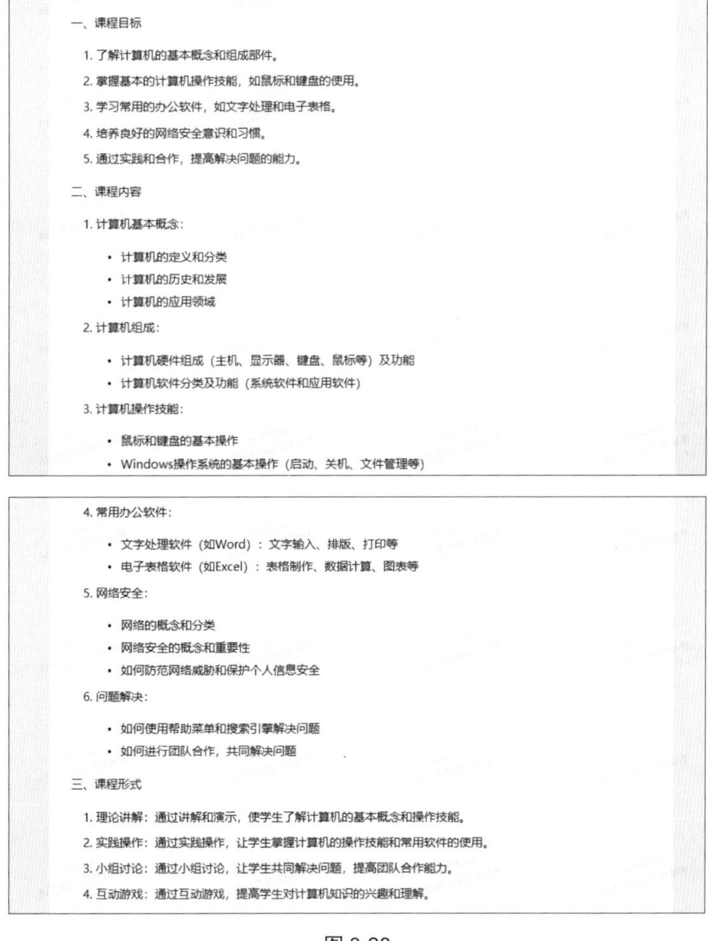

图 3-28

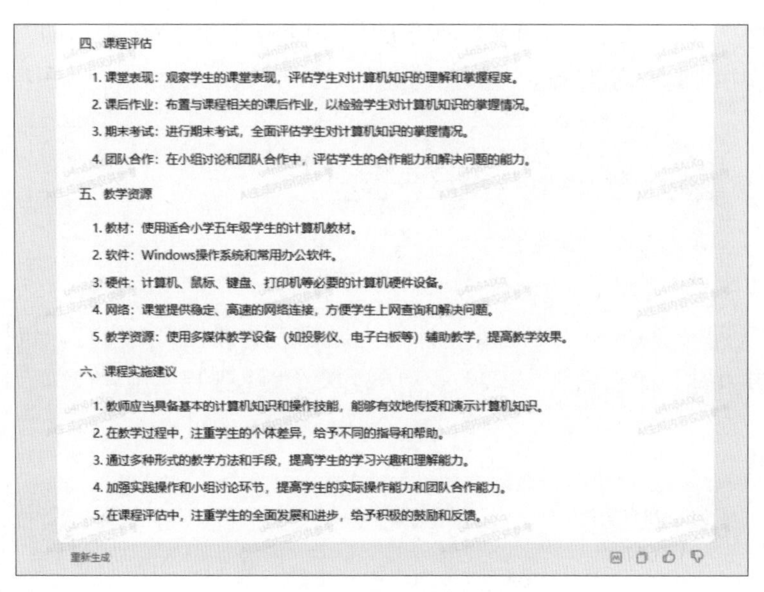

四、课程评估

1. 课堂表现：观察学生的课堂表现，评估学生对计算机知识的理解和掌握程度。
2. 课后作业：布置与课程相关的课后作业，以检验学生对计算机知识的掌握情况。
3. 期末考试：进行期末考试，全面评估学生对计算机知识的掌握情况。
4. 团队合作：在小组讨论和团队合作中，评估学生的合作能力和解决问题的能力。

五、教学资源

1. 教材：使用适合小学五年级学生的计算机教材。
2. 软件：Windows操作系统和常用办公软件。
3. 硬件：计算机、鼠标、键盘、打印机等必要的计算机硬件设备。
4. 网络：课堂提供稳定、高速的网络连接，方便学生上网查询和解决问题。
5. 教学资源：使用多媒体教学设备（如投影仪、电子白板等）辅助教学，提高教学效果。

六、课程实施建议

1. 教师应当具备基本的计算机知识和操作技能，能够有效地传授和演示计算机知识。
2. 在教学过程中，注重学生的个体差异，给予不同的指导和帮助。
3. 通过多种形式的教学方法和手段，提高学生的学习兴趣和理解能力。
4. 加强实践操作和小组讨论环节，提高学生的实际操作能力和团队合作能力。
5. 在课程评估中，注重学生的全面发展和进步，给予积极的鼓励和反馈。

重新生成

图 3-28　生成相应的课程大纲内容

实战 030　使用数据分析指令生成柱状图表

扫码看教学视频

文心一言是一个强大的数据分析工具，它可以帮助分析师和数据科学家更有效地处理和解释数据，同时还可以根据数据直接生成各种图表，如柱状图表、折线图表等，具体操作方法如下。

步骤 01 进入文心一言的“一言百宝箱”页面，在左侧导航栏中选择“数据分析”标签切换至该选项卡，选择相应的指令模板，如“柱状图生成”，单击“使用”按钮，如图 3-29 所示。

图 3-29　单击“使用”按钮

步骤 02 执行操作后，即可将所选的指令模板自动填入到提示词输入框中，对相应的提示词进行适当修改，如图 3-30 所示。

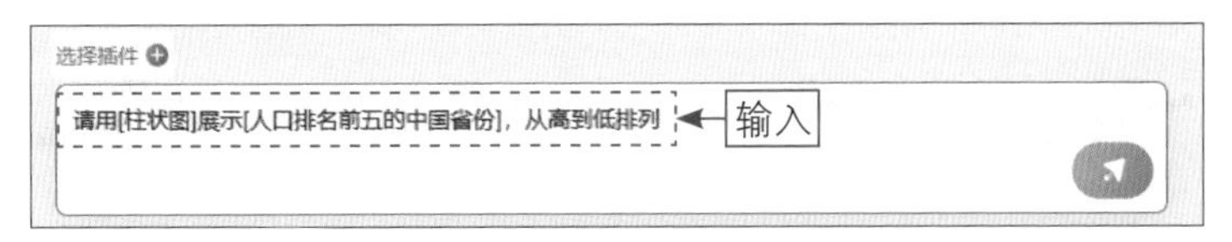

图 3-30　修改提示词

步骤 03 按【Enter】键确认，即可生成相应的柱状图表，包括表格和图形两部分，列出了具体的数据和对比效果，如图 3-31 所示。

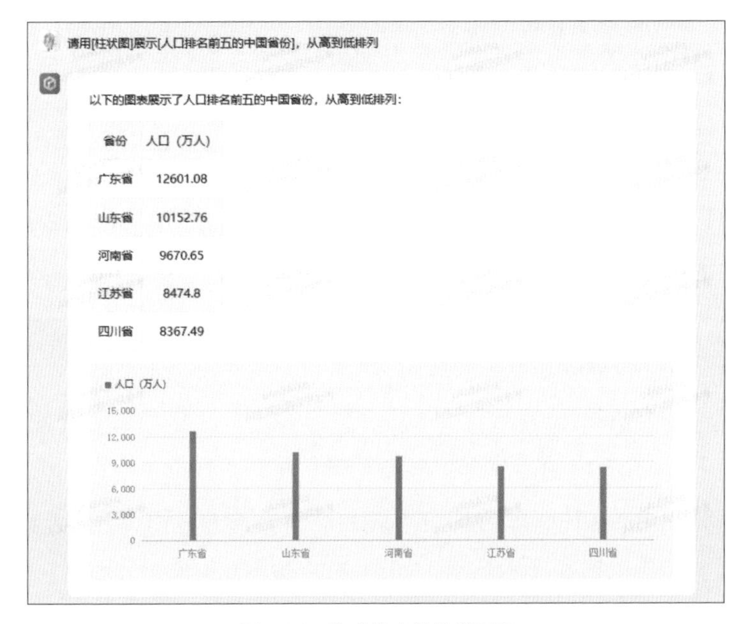

图 3-31　生成相应的柱状图表

实战 031　使用灵感策划指令推荐穿搭方案

扫码看教学视频

灵感是创造力的火花，是创新的源泉，而文心一言可以成为用户无尽灵感的源头。不论是创作者、企业家、艺术家，还是其他任何领域的从业者，文心一言都能够为用户提供新颖的想法，激发用户的创作灵感。

文心一言不仅可以提供专业领域的见解，还可以模拟不同的创意风格和思维方式，它可以成为用户的“创意合伙人”，帮助用户突破思维的局限，探索更多新的可能性。下面介绍使用“灵感策划”指令推荐穿搭方案的操作方法。

步骤 01 进入文心一言的“一言百宝箱”页面，在左侧导航栏中选择“灵感策划”标签切换至该选项卡，选择相应的指令模板，如“穿搭灵感”，单击“使用”按钮，如图 3-32 所示。

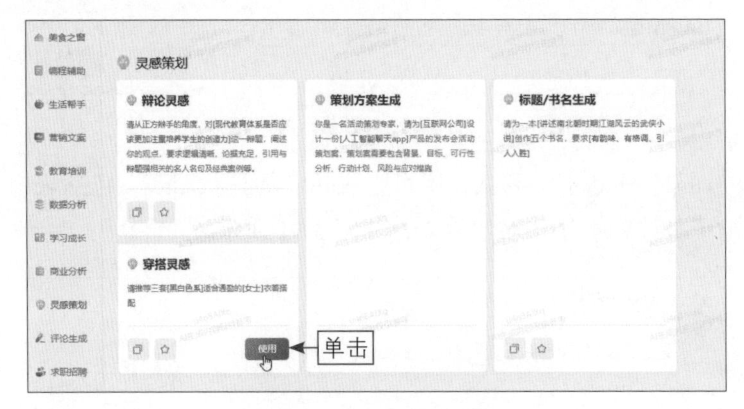

图 3-32 单击“使用”按钮

步骤 02 执行操作后，即可将所选的指令模板自动填入到提示词输入框中，对中括号中的提示词进行适当修改，如图 3-33 所示。

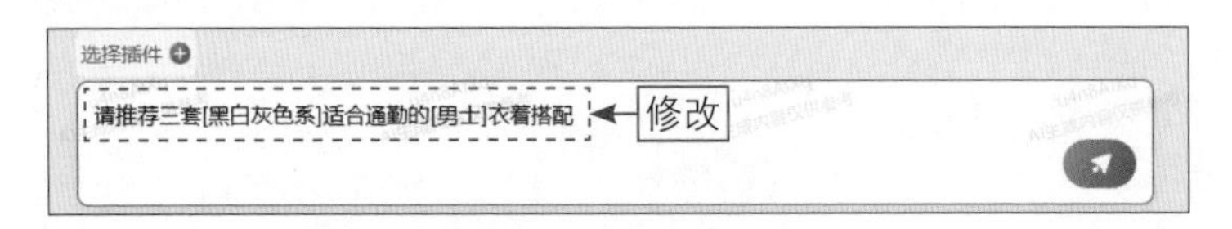

图 3-33 修改提示词

步骤 03 按【Enter】键确认，即可生成相应的穿搭方案内容，包括上衣和裤子，同时还给出了穿搭风格和适用场景，如图 3-34 所示。

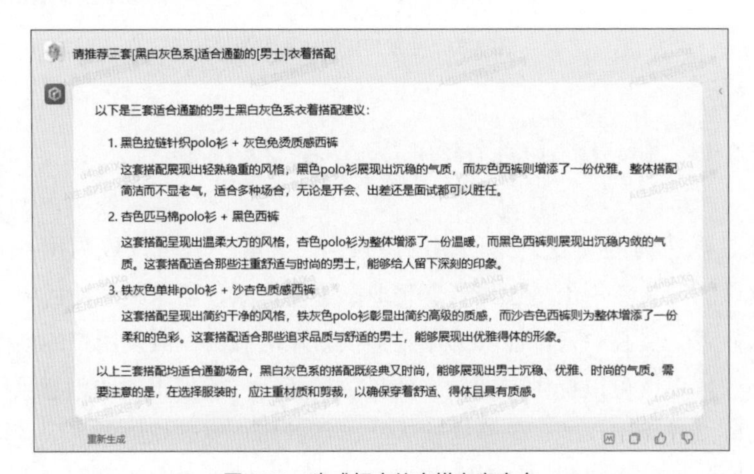

图 3-34 生成相应的穿搭方案内容

实战 032　使用评论生成指令打造专业影评

文心一言可以帮助用户轻松生成各种评论内容，无论是针对产品、文章、音乐、电影等类型，还是其他各种主题，它都能帮助用户表达自己的观点，提供有价值的反馈。下面介绍使用“评论生成”指令打造专业影评的操作方法。

步骤 01 进入文心一言的“一言百宝箱”页面，在左侧导航栏中选择“评论生成”标签切换至该选项卡，选择相应的指令模板，如“专业影评”，单击“使用”按钮，如图 3-35 所示。

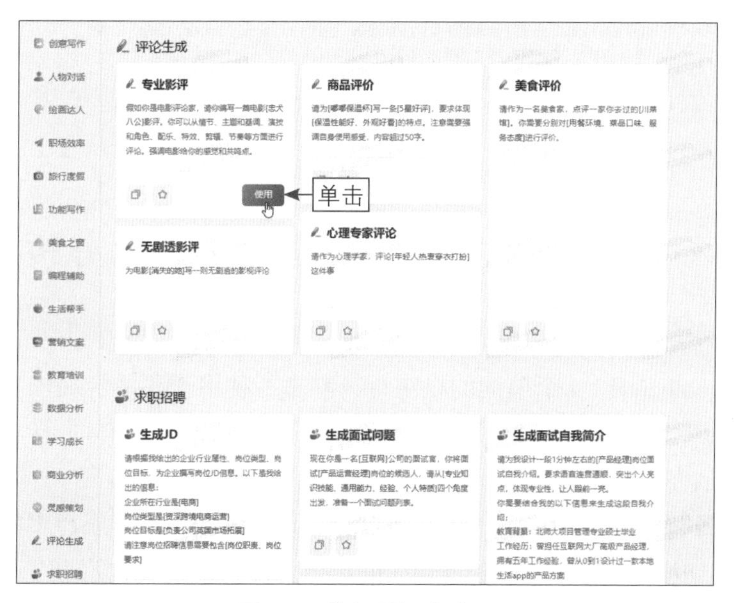

图 3-35　单击“使用”按钮

步骤 02 执行操作后，即可将所选的指令模板自动填入到提示词输入框中，对中括号中的提示词进行适当修改，如图 3-36 所示。

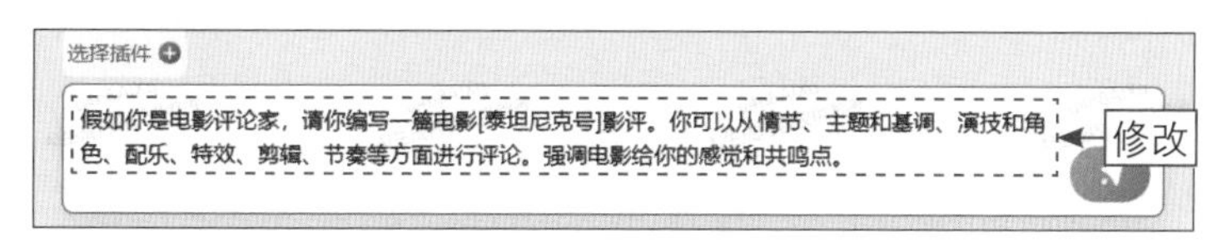

图 3-36　修改提示词

步骤 03 按【Enter】键确认，即可生成相应的电影评论内容，包括情节、主题和基调、演技和角色、配乐、特效、剪辑、节奏等方面，如图 3-37 所示。

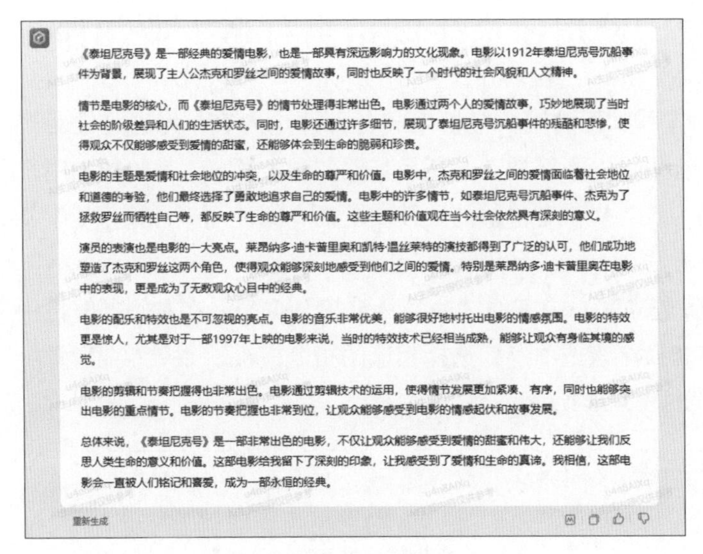

图 3-37 生成相应的电影评论内容

实战 033 使用商业分析指令进行 PEST 分析

扫码看教学视频

PEST 代表政治（Political）、经济（Economic）、社会（Social）、技术（Technological）4 个单词的首字母，它是一种用于评估宏观环境因素对组织或项目的影响的分析工具。下面介绍使用文心一言进行 PEST 分析的操作方法。

步骤 01 进入文心一言的“一言百宝箱”页面，在左侧导航栏中选择“商业分析”标签切换至该选项卡，选择相应的指令模板，如“PEST 分析”，单击“使用”按钮，如图 3-38 所示。

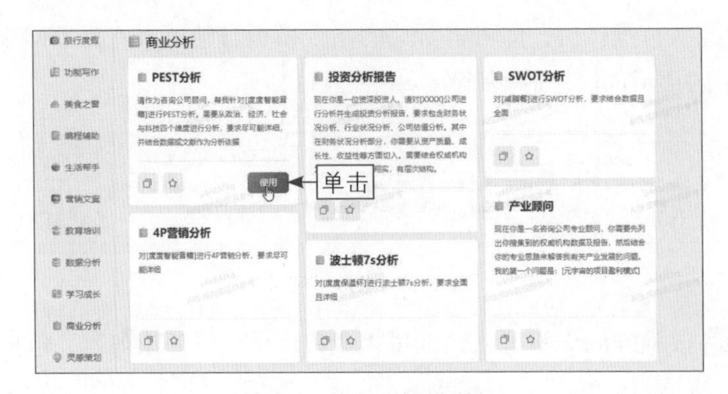

图 3-38 单击“使用”按钮

步骤 02 执行操作后，即可将所选的指令模板自动填入到提示词输入框中，对中括号中的提示词进行适当修改，如图 3-39 所示。

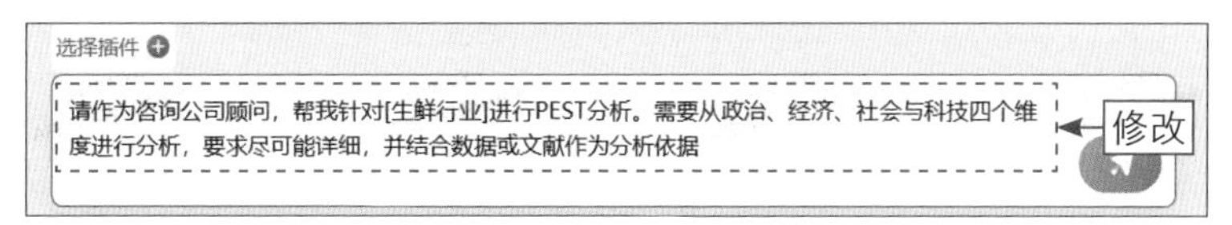

图 3-39　修改提示词

步骤 03 按【Enter】键确认，即可生成相应的 PEST 分析报告，可以帮助用户更好地理解各种外部环境，并识别潜在的机会和威胁，如图 3-40 所示。

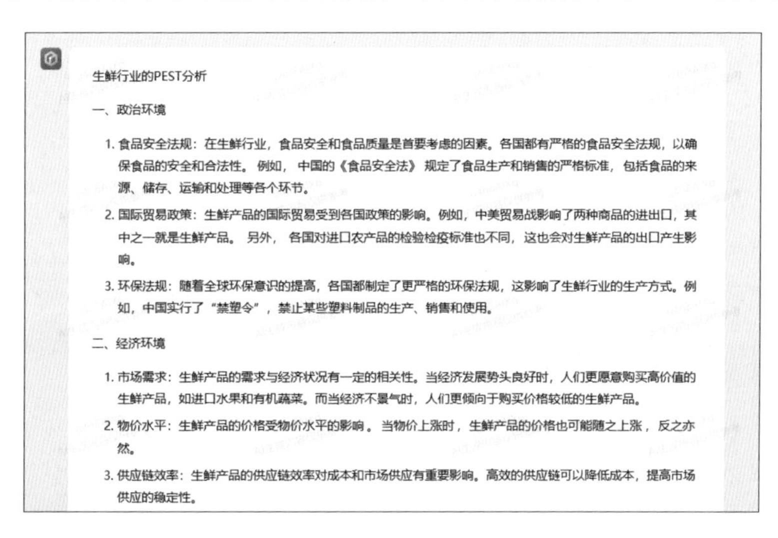

生鲜行业的PEST分析

一、政治环境

1. 食品安全法规：在生鲜行业，食品安全和食品质量是首要考虑的因素。各国都有严格的食品安全法规，以确保食品的安全和合法性。例如，中国的《食品安全法》规定了食品生产和销售的严格标准，包括食品的来源、储存、运输和处理等各个环节。
2. 国际贸易政策：生鲜产品的国际贸易受到各国政策的影响。例如，中美贸易战影响了两种商品的进出口，其中之一就是生鲜产品。另外，各国对进口农产品的检验检疫标准也不同，这也会对生鲜产品的出口产生影响。
3. 环保法规：随着全球环保意识的提高，各国都制定了更严格的环保法规，这影响了生鲜行业的生产方式。例如，中国实行了“禁塑令”，禁止某些塑料制品的生产、销售和使用。

二、经济环境

1. 市场需求：生鲜产品的需求与经济状况有一定的相关性。当经济发展势头良好时，人们更愿意购买高价值的生鲜产品，如进口水果和有机蔬菜。而当经济不景气时，人们更倾向于购买价格较低的生鲜产品。
2. 物价水平：生鲜产品的价格受物价水平的影响。当物价上涨时，生鲜产品的价格也可能随之上涨，反之亦然。
3. 供应链效率：生鲜产品的供应链效率对成本和市场供应有重要影响。高效的供应链可以降低成本，提高市场供应的稳定性。

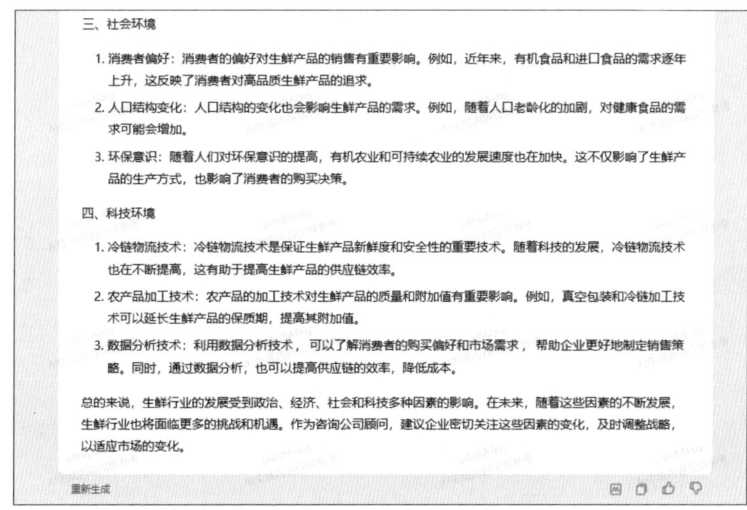

三、社会环境

1. 消费者偏好：消费者的偏好对生鲜产品的销售有重要影响。例如，近年来，有机食品和进口食品的需求逐年上升，这反映了消费者对高品质生鲜产品的追求。
2. 人口结构变化：人口结构的变化也会影响生鲜产品的需求。例如，随着人口老龄化的加剧，对健康食品的需求可能会增加。
3. 环保意识：随着人们对环保意识的提高，有机农业和可持续农业的发展速度也在加快。这不仅影响了生鲜产品的生产方式，也影响了消费者的购买决策。

四、科技环境

1. 冷链物流技术：冷链物流技术是保证生鲜产品新鲜度和安全性的重要技术。随着科技的发展，冷链物流技术也在不断提高，这有助于提高生鲜产品的供应链效率。
2. 农产品加工技术：农产品的加工技术对生鲜产品的质量和附加值有重要影响。例如，真空包装和冷链加工技术可以延长生鲜产品的保质期，提高其附加值。
3. 数据分析技术：利用数据分析技术，可以了解消费者的购买偏好和市场需求，帮助企业更好地制定销售策略。同时，通过数据分析，也可以提高供应链的效率，降低成本。

总的来说，生鲜行业的发展受到政治、经济、社会和科技多种因素的影响。在未来，随着这些因素的不断发展，生鲜行业也将面临更多的挑战和机遇。作为咨询公司顾问，建议企业密切关注这些因素的变化，及时调整战略，以适应市场的变化。

重新生成

图 3-40　生成相应的 PEST 分析报告

实战 034 使用学习成长指令翻译英文短句

在学习成长领域，知识获取和个人发展是至关重要的，而文心一言的应用为这一领域带来了深远的影响。文心一言是一种强大的智能助手，它可以为用户提供了更广泛的学习资源和更具个性化的学习经验，如撰写实习报告、制定学习计划、矫正错别字、生成复习内容、英汉互译等。下面介绍使用文心一言翻译英文短句的操作方法。

步骤 01 进入文心一言的“一言百宝箱”页面，在左侧导航栏中选择“学习成长”标签切换至该选项卡，选择相应的指令模板，如“英汉互译”，单击“使用”按钮，如图 3-41 所示。

图 3-41 单击“使用”按钮

步骤 02 执行操作后，即可将所选的指令模板自动填入到提示词输入框中，对中括号中的提示词进行适当修改，如图 3-42 所示。

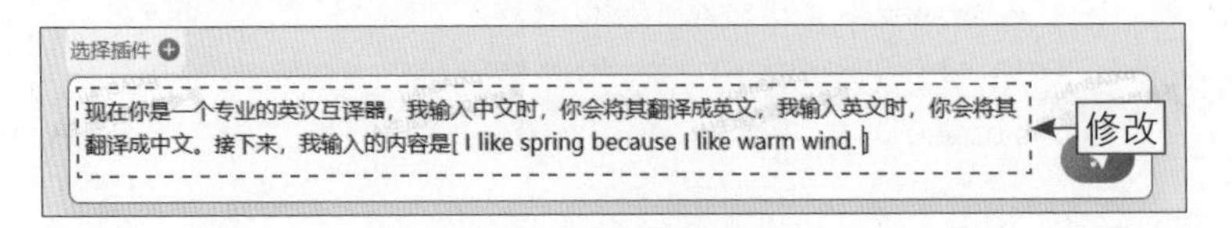

图 3-42 修改提示词

步骤 03 按【Enter】键确认，即可将提示词中的英文内容翻译为中文，用户可以继续输入其他英文，文心一言会自动进行翻译，如图 3-43 所示。

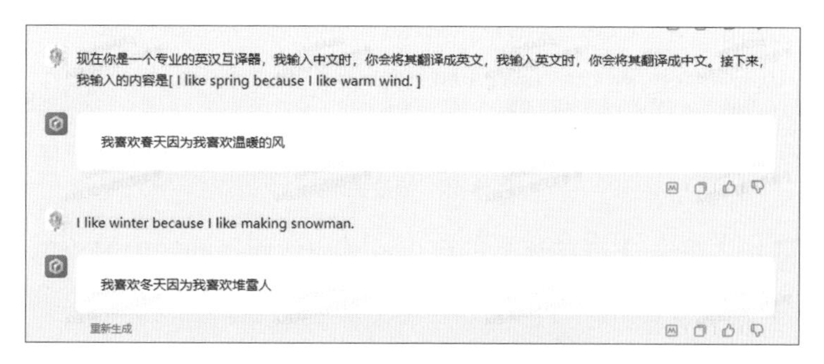

图 3-43　文心一言自动翻译英文

实战 035　使用求职招聘指令生成面试问题

扫码看教学视频

在现代竞争激烈的职场中，成功的求职和招聘过程需要更多的洞察力，而文心一言在这方面也有很好的应用价值。文心一言不仅可以为求职者提供个性化的求职建议，帮助他们优化简历，还可以帮助招聘者更智能地筛选和匹配人才。下面介绍使用文心一言生成面试问题的操作方法。

步骤 01 进入文心一言的“一言百宝箱”页面，在左侧导航栏中选择“求职招聘”标签切换至该选项卡，选择相应的指令模板，如“生成面试问题”，单击“使用”按钮，如图 3-44 所示。

图 3-44　单击“使用”按钮

步骤 02 执行操作后，即可将所选的指令模板自动填入到提示词输入框中，对中括号中的提示词进行适当修改，如图 3-45 所示。

图 3-45 修改提示词

步骤 03 按【Enter】键确认，即可生成相应的面试问题内容，包括专业知识技能、通用能力、经验、个人特质等方面，如图 3-46 所示。

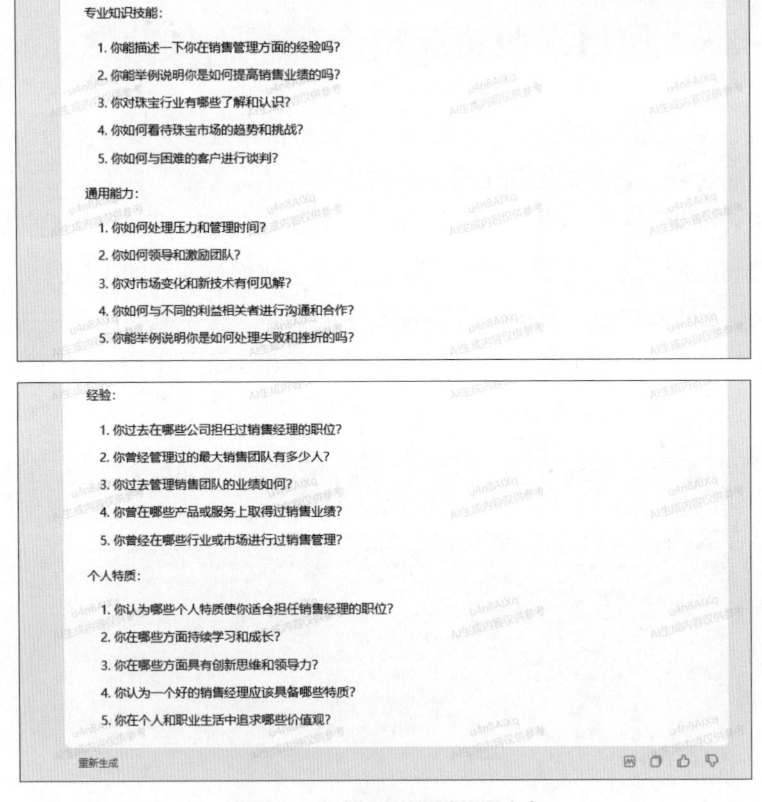

图 3-46 生成相应的面试问题内容

第 4 章

10 个 App 使用技巧，用手机生成 AI 文案

文心一言不仅有电脑网页版，同时还推出了手机 App，这使得更多的用户能够随时随地享受文心一言带来的优质 AI 服务。无论是在办公室、在家中，还是在路上，用户都可以方便地使用文心一言生成各种 AI 文案。

实战 036　用文字与 AI 对话

扫码看教学视频

在文心一言 App 中，用户可以通过文字与 AI 进行对话，获得即时的信息、答案和建议，无须等待或浏览大量文档。这种对话方式不仅提高了效率，还为用户提供了与人工智能合作的机会，以解决各种问题和任务，具体操作方法如下。

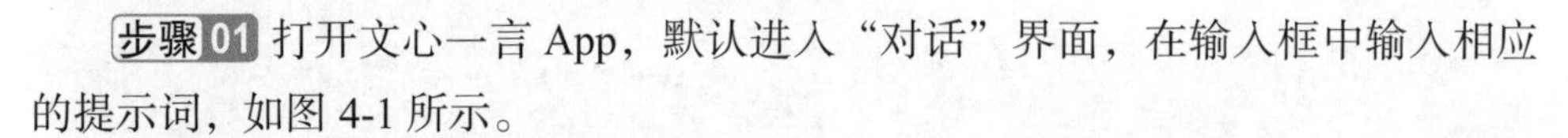

步骤 01 打开文心一言 App，默认进入“对话”界面，在输入框中输入相应的提示词，如图 4-1 所示。

步骤 02 点击发送按钮，即可获取 AI 的回答，具体内容如图 4-2 所示。

图 4-1　输入相应的提示词

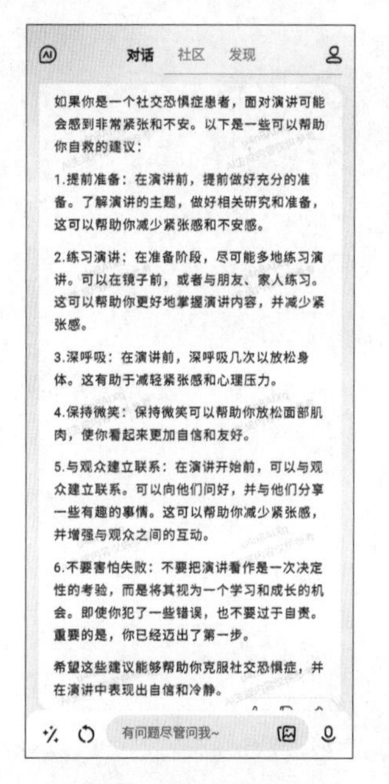

图 4-2　获取 AI 的回答

实战 037　使用语音播报功能

扫码看教学视频

使用文心一言 App 时，用户可以开启“语音播报”功能，这样就可以通过语音来与 AI 进行对话，方便用户在各种场景下使用。比如，用户可以在不方便看屏幕的情况下，如开车、做家务等，听文心一言 App 播报新闻、小说、天气预报等文字信息。下面介绍使用“语音播报”功能的具体操作方法。

★ 专家提醒 ★

用户可以根据需要对文心一言 App 的助理角色、语音风格、语音速度等进行调整，以获得最佳的听感。

步骤 01 在文心一言 App 的“对话”界面中，点击右上角的图标进入“作品”界面，点击图标，如图 4-3 所示。

步骤 02 执行操作后，进入“个人中心”界面，在其中选择“助理设置”选项，如图 4-4 所示。

步骤 03 执行操作后，进入“助理设置”界面，开启“语音播报”功能，如图 4-5 所示，此处还可以设置助理角色、语音风格和语音速度。

步骤 04 返回“对话”界面，点击右下角的语音图标，如图 4-6 所示。

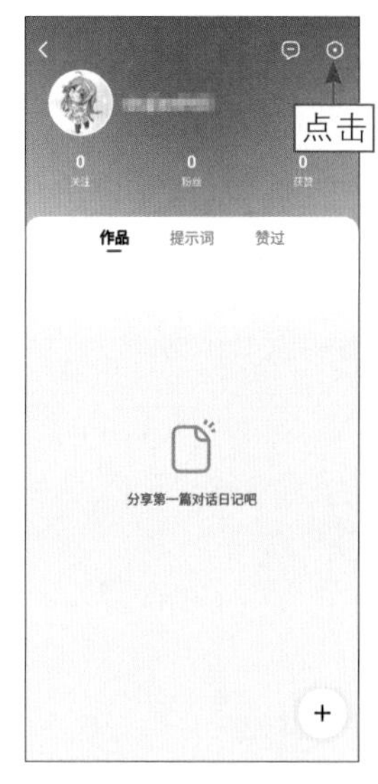

图 4-3　点击相应图标

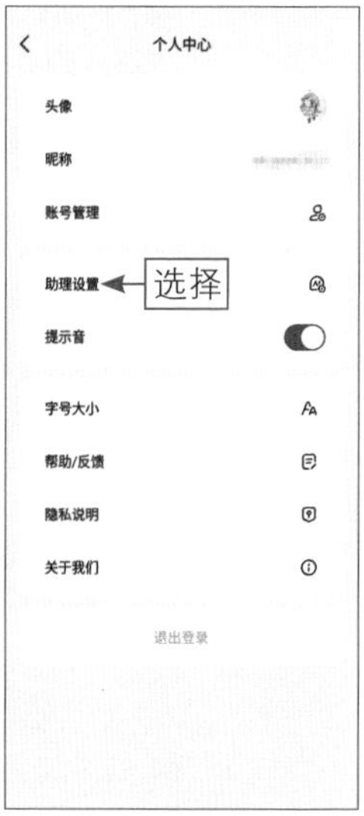

图 4-4　选择“助理设置”选项

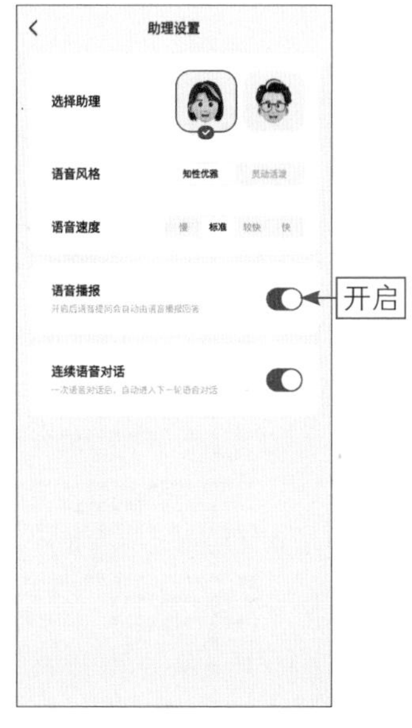

图 4-5　开启“语音播报”功能

图 4-6　点击语音图标

步骤 05 执行操作后，即可开始进行语音对话，如图 4-7 所示，用户可以直接说话。

步骤 06 说完后稍微停顿一下，系统会自动发送语音提示词，如图 4-8 所示。

图 4-7 开始进行语音对话

图 4-8 发送语音提示词

步骤 07 AI 会根据语音提示词生成相应的回复内容，同时进行语音播报，效果如图 4-9 所示。

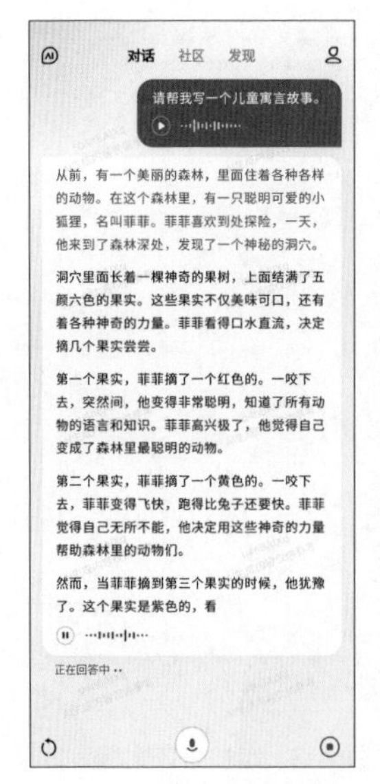

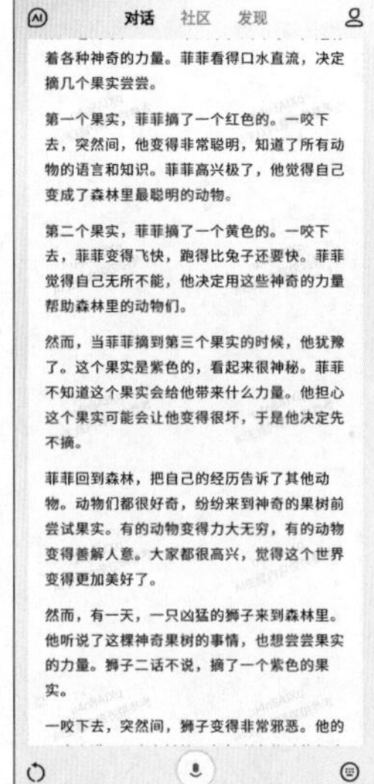

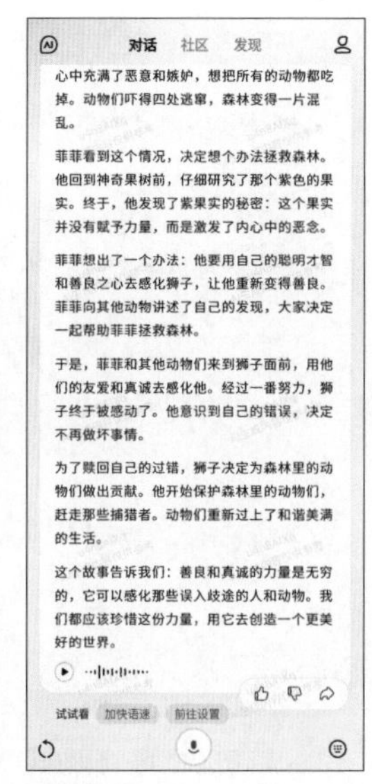

图 4-9 生成相应的回复内容并进行语音播报

实战 038　实现连续语音对话

扫码看教学视频

在文心一言 App 中，开启“连续语音对话”功能后，用户可以连续与 AI 用语音进行交流，具体操作方法如下。

步骤 01 进入“助理设置”界面，开启“连续语音对话”功能，如图 4-10 所示。

步骤 02 通过语音输入相应的提示词，让 AI 生成一些抖音短视频标题，如图 4-11 所示。

步骤 03 继续通过语音输入一句提示词，让 AI 根据前面的某个标题生成相应的抖音文案，具体内容如图 4-12 所示。

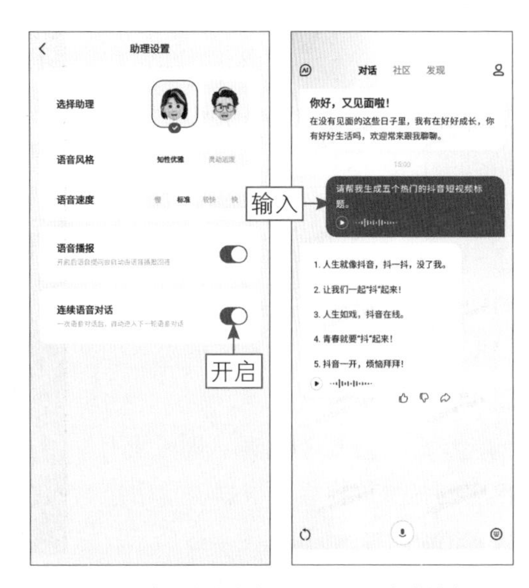

图 4-10　开启“连续语音对话”功能　　图 4-11　生成抖音短视频标题

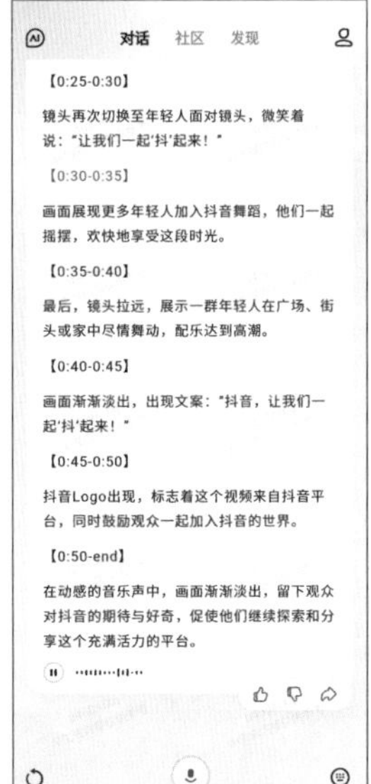

图 4-12　生成相应的抖音文案内容

实战 039 使用提示词工具

扫码看教学视频

在文心一言 App 中，用户可以使用提示词工具，快速与 AI 进行对话，具体操作方法如下。

步骤 01 在“对话”界面中，点击左上角的图标展开“历史记忆”面板，点击“新建 AI 对话”按钮，如图 4-13 所示。

步骤 02 执行操作后，即可新建一个 AI 对话，点击左下角的图标，在弹出的“提示词工具”列表框中选择相应的提示词模板，如图 4-14 所示。

步骤 03 执行操作后，即可使用相应的提示词模板，根据提示信息输入相应的提示词，如图 4-15 所示。

步骤 04 点击发送按钮，即可获取 AI 的回答，具体内容如图 4-16 所示。

图 4-13 点击“新建 AI 对话”按钮

图 4-14 选择相应的提示词模板

图 4-15 输入相应的提示词

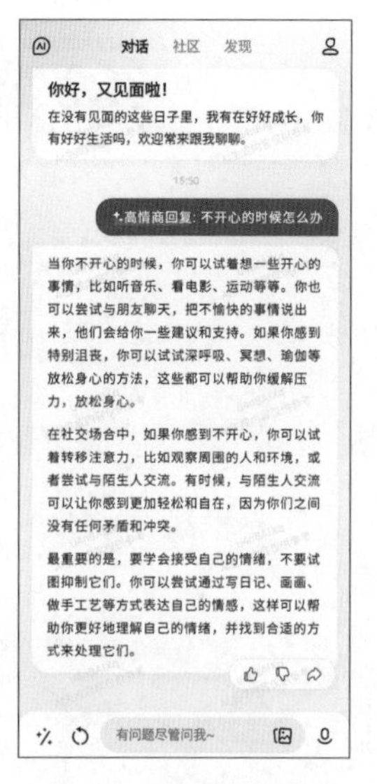

图 4-16 获取 AI 的回答

实战 040　上传图片看图写诗

扫码看教学视频

在文心一言 App 中，除了可以输入文字和语音，用户还可以上传图片作为提示词，生成一些创意文案，如看图写诗，具体操作方法如下。

步骤 01 在“对话”界面中，点击图标，在弹出的面板中选择一张图片，如图 4-17 所示。

步骤 02 执行操作后，即可上传图片，并输入相应的提示词，如图 4-18 所示。

步骤 03 点击发送按钮，将图片和文字等提示信息发送给 AI，如图 4-19 所示。

步骤 04 稍等片刻，AI 即可根据图片内容创作出一首诗，具体内容如图 4-20 所示。

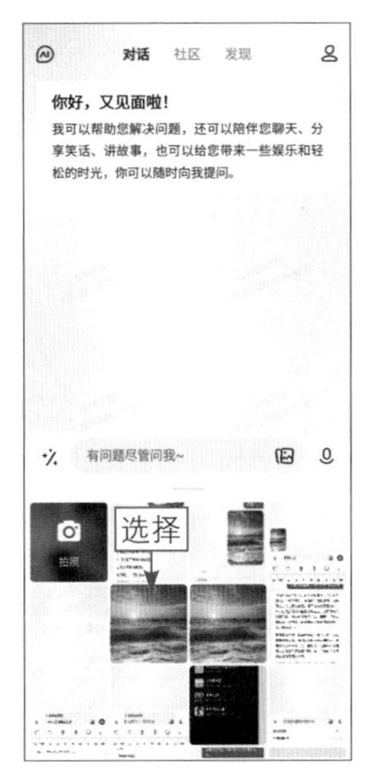

图 4-17　选择一张图片

图 4-18　输入相应的提示词

图 4-19　将提示信息发送给 AI

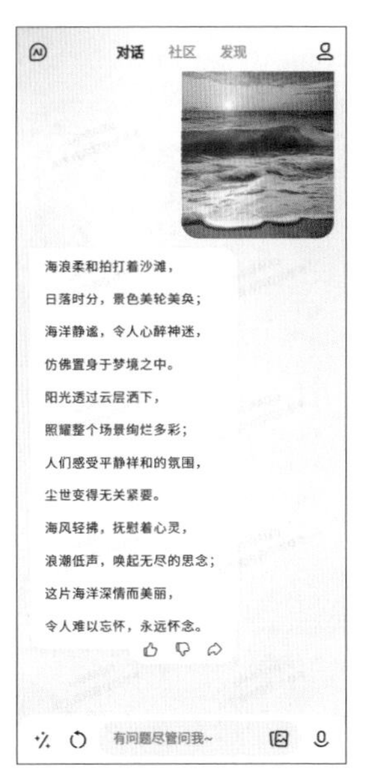

图 4-20　根据图片内容创作一首诗

实战 041　发布 AI 历史对话

扫码看教学视频

用户可以将 AI 生成的内容发布到文心一言 App 的“社区”界面中，与其他用户分享和交流经验，具体操作方法如下。

步骤 01 进入文心一言 App 的“社区”界面，点击右下角的＋图标，如图 4-21 所示。

步骤 02 执行操作后，在弹出的列表框中选择相应的 AI 历史对话，如图 4-22 所示。

步骤 03 进入“选择分享内容”界面，选择相应对话内容上方的复选框，如图 4-23 所示。

步骤 04 点击“下一步”按钮，进入发布界面，如图 4-24 所示。

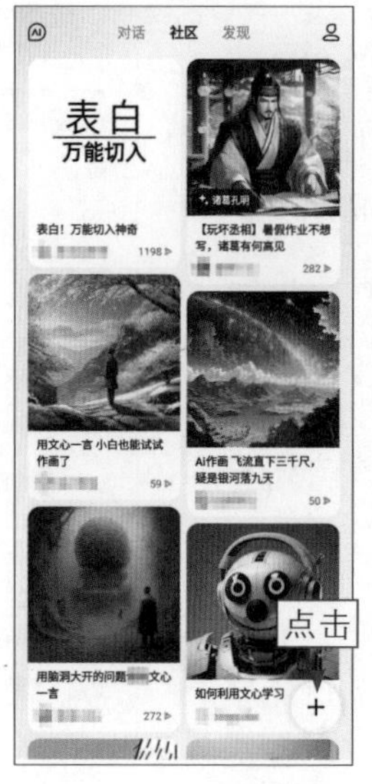

图 4-21　点击相应图标

图 4-22　选择相应的 AI 历史对话

图 4-23　选中相应的复选框

图 4-24　进入发布界面

步骤 05 根据 AI 内容输入相应的标题和正文信息，如图 4-25 所示。

步骤 06 在该界面顶部点击“立即生成”按钮，即可生成一张封面图片，如果用户对于 AI 生成的封面图片不满意，可以点击“更换封面”按钮，如图 4-26 所示。

步骤 07 执行操作后，切换至“手机相册”选项卡，可以在手机中选择一张图片作为封面，如图 4-27 所示。

步骤 08 用户还可以切换至“AI 生成”选项卡，输入相应的提示词，点击“生成封面图”按钮，如图 4-28 所示。

图 4-25　输入相应的标题和正文信息

图 4-26　点击“更换封面”按钮

图 4-27　在手机中选择一张图片

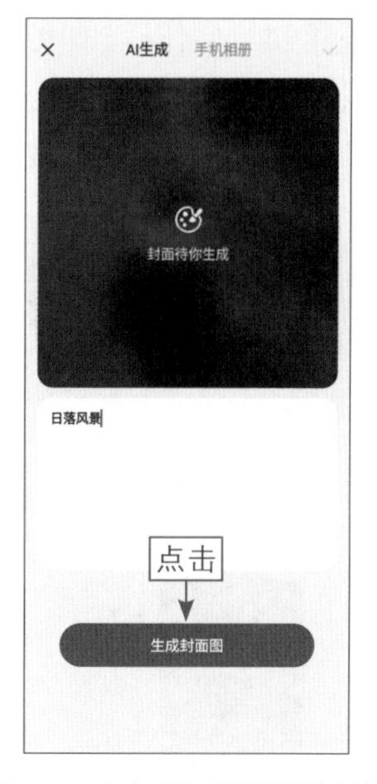

图 4-28　点击“生成封面图”按钮

步骤 09 执行操作后，AI 会根据提示词描述的场景生成一张封面图片，如果用户仍然不满意，还可以点击“重新生成”按钮，如图 4-29 所示。

步骤 10 执行操作后，AI 会再次根据提示词描述的场景生成一张封面图片，确认后点击右上角的✓图标，如图 4-30 所示。

图 4-29 点击"重新生成"按钮

图 4-30 点击右上角的相应图标

步骤 11 执行操作后，即可更换封面图片，点击"发布"按钮，如图 4-31 所示。

步骤 12 执行操作后，进入"作品"界面可以看到刚才发布的 AI 内容，如图 4-32 所示，该内容通过系统审核后即可发布到"社区"界面中。

图 4-31 点击"发布"按钮

图 4-32 查看发布的 AI 内容

实战 042　扮演虚拟角色

扫码看教学视频

用户可以在文心一言 App 中让 AI 扮演各种虚拟角色，从而实现更丰富的娱乐、教育、培训和交流体验，具体操作方法如下。

步骤 01 进入文心一言 App 的“发现”界面，选择“角色”标签，如图 4-33 所示。

步骤 02 执行操作后，切换至“角色”选项卡，选择需要让 AI 扮演的虚拟角色，如“诸葛孔明”，如图 4-34 所示。

步骤 03 执行操作后，进入与“诸葛孔明”对话的界面，输入相应的提示词，如图 4-35 所示。

步骤 04 点击发送按钮▶，AI 会以“诸葛孔明”的身份来回答用户提出的问题，具体内容如图 4-36 所示。

图 4-33　点击“角色”标签

图 4-34　选择相应的虚拟角色

图 4-35　输入相应的提示词

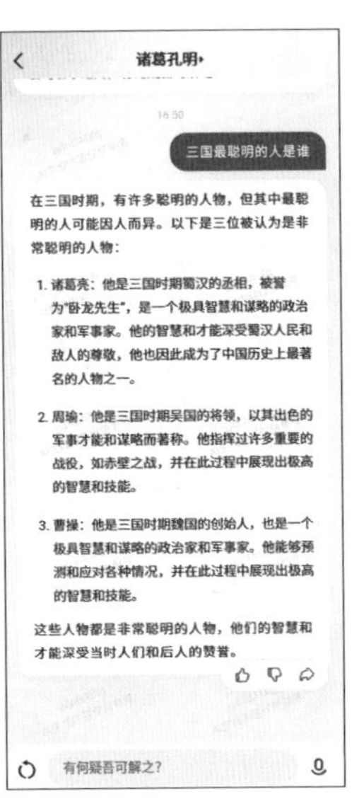

图 4-36　以“诸葛孔明”的身份回答问题

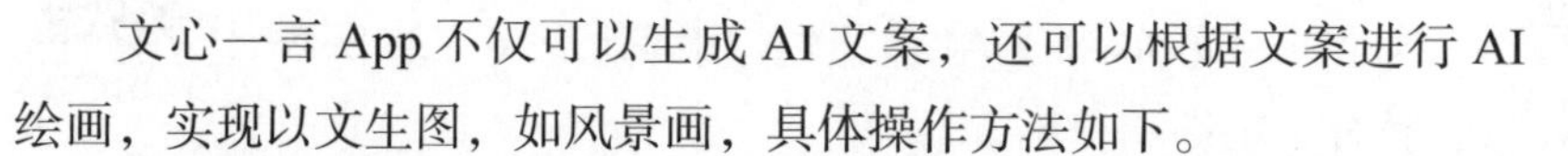

实战 043　用 AI 以文生图

扫码看教学视频

文心一言 App 不仅可以生成 AI 文案，还可以根据文案进行 AI 绘画，实现以文生图，如风景画，具体操作方法如下。

步骤 01 进入文心一言 App 的“发现”界面，切换至“绘画”选项卡，选择相应的提示词模板，如图 4-37 所示。

步骤 02 执行操作后，进入“风景画生成”对话界面，选择相应的绘画示例，如图 4-38 所示。

步骤 03 执行操作后，系统会自动发送指令，并生成相应的风景画效果，如图 4-39 所示。

步骤 04 用户如果对于绘画效果不满意，可以输入并发送“重画”指令，让 AI 重新绘制风景画，效果如图 4-40 所示。

图 4-37　选择相应的提示词模板

图 4-38　选择相应的绘画示例

图 4-39　生成相应的风景画效果

图 4-40　让 AI 重新绘制风景画

步骤 05 用户还可以在输入框中输入自定义的提示词，描述要画的风景类型或场景，如图 4-41 所示。

步骤 06 点击发送按钮▶，AI 会根据用户输入的提示词生成相关的风景画，效果如图 4-42 所示。

图 4-41　输入自定义的提示词

图 4-42　生成相关的风景画效果

实战 044　用 AI 优化简历

扫码看教学视频

AI 可以帮助求职者分析其教育、工作经历和技能，提供定制化的建议，从而使简历更具吸引力和专业性。下面介绍用 AI 优化简历的操作方法。

步骤 01 进入文心一言 App 的"发现"界面，切换至"秋招"选项卡，选择相应的提示词模板，如图 4-43 所示。

步骤 02 执行操作后，进入"简历优化"对话界面，输入相应的职位提示词，如图 4-44 所示。

步骤 03 点击发送按钮▶，AI 会根据用户输入的职位生成相应的简历内容，如图 4-45 所示。

步骤 04 用户可以尝试更换其他的职位提示词，查看 AI 生成的简历内容，如图 4-46 所示。注意，重新生成简历内容时，需要返回“发现”界面重新选择“简历优化”提示词模板。

图 4-43 选择相应的提示词模板

图 4-44 输入相应的职位提示词

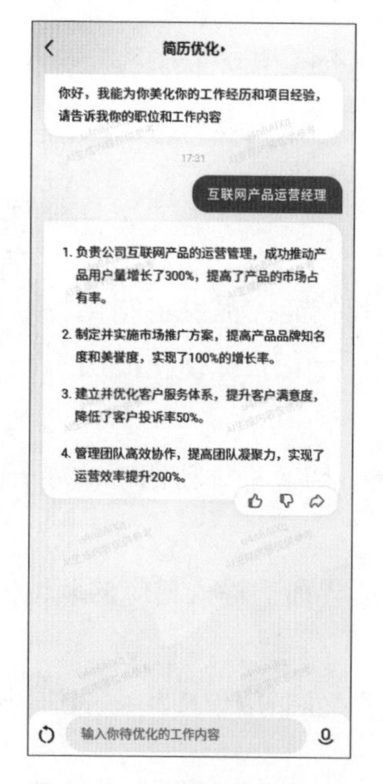

图 4-45 生成相应的简历内容

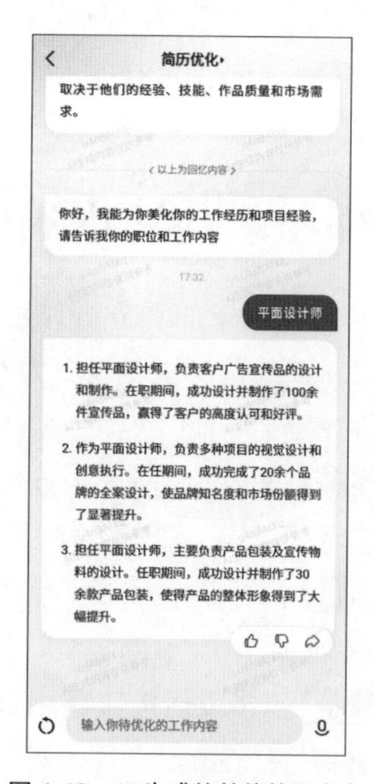

图 4-46 AI 生成的其他简历内容

实战 045　生成 PPT 大纲

扫码看教学视频

PPT（演示文稿）是传达信息、分享见解和汇报项目进展的重要工具。下面介绍用 AI 生成 PPT 大纲的操作方法。

步骤 01 进入文心一言 App 的“发现”界面，切换至“职场”选项卡，选择相应的提示词模板，如图 4-47 所示。

步骤 02 执行操作后，进入“PPT 大纲生成”对话界面，选择相应的 PPT 主题，如图 4-48 所示。

步骤 03 执行操作后，AI 会根据用户选择的主题生成相应的 PPT 大纲，具体内容如图 4-49 所示。

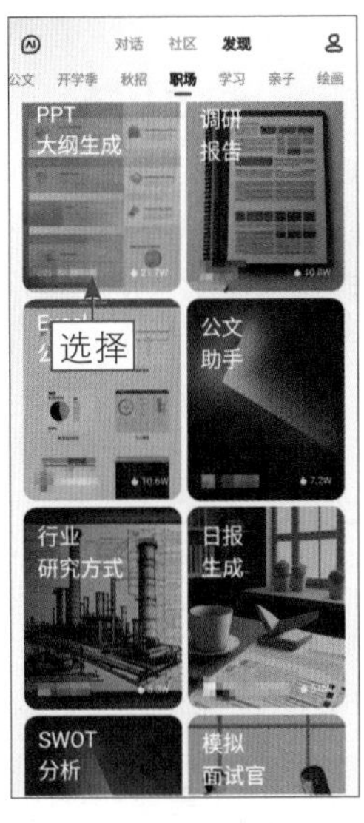

图 4-47　选择相应的提示词模板

图 4-48　选择相应的 PPT 主题

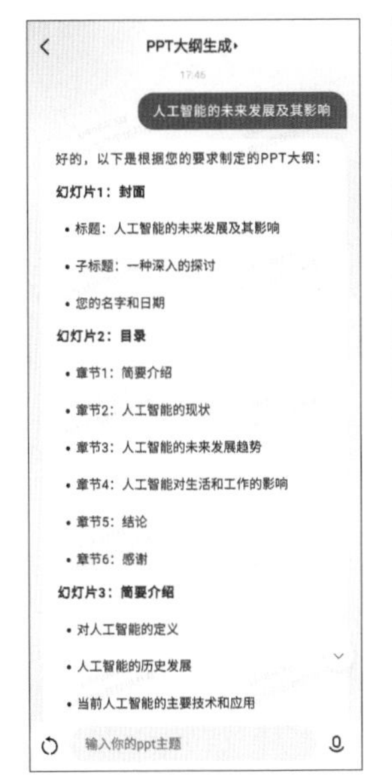

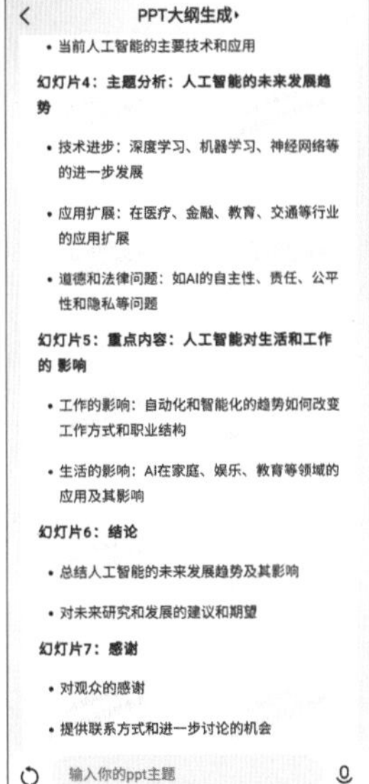

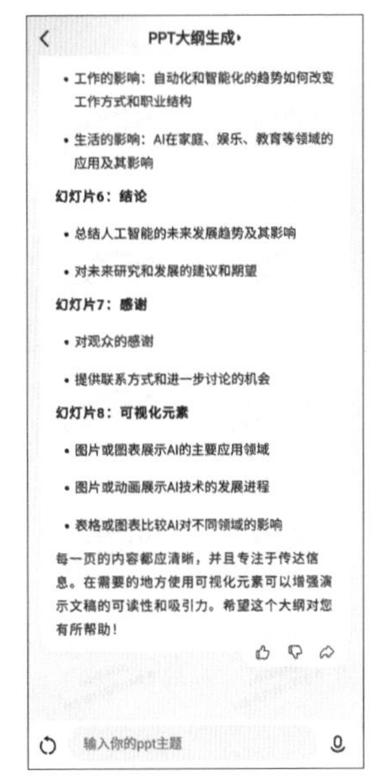

图 4-49　AI 根据用户选择的主题生成相应的 PPT 大纲

步骤 04 用户可以尝试更换其他的 PPT 主题，在输入框中输入自定义的 PPT 主题提示词，点击发送按钮▶，即可用 AI 生成不同的 PPT 大纲内容，如图 4-50 所示。注意，重新生成 PPT 大纲时，需要返回“发现”界面重新选择“PPT 大纲生成”提示词模板。

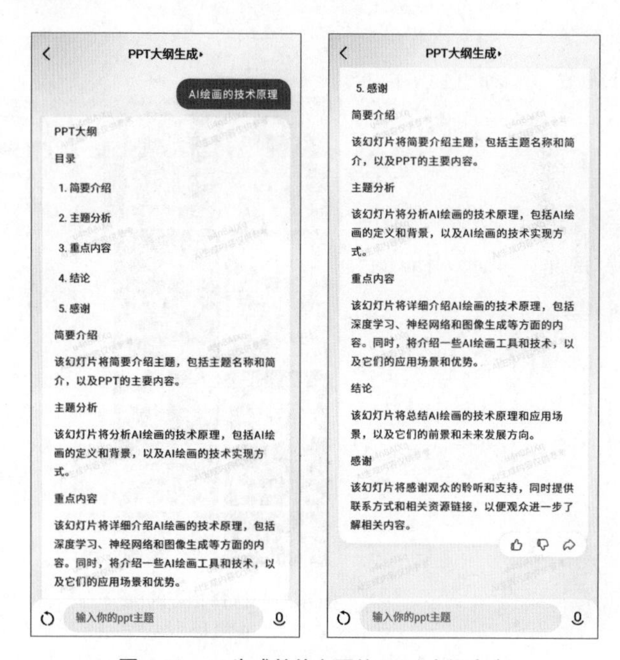

图 4-50　AI 生成其他主题的 PPT 大纲内容

第 5 章

10 个 AI 文案案例，轻松写出爆款内容

文心一言不仅提高了内容创作的效率，还拓宽了创作的可能性，同时还可以为不同领域的专业人士提供定制化的文案，使文案内容更具专业性和吸引力。本章主要通过 10 个 AI 文案创作的典型案例，帮助大家轻松写出各行各业的爆款内容。

实战 046　总结无人经济文章内容

扫码看教学视频

无人经济是一个引人注目的新商业模式，它代表着人工智能和自动化技术不断改变着人们的工作方式和经济生态系统。本案例主要使用文心一言中的“览卷文档”插件，来总结一个无人经济文档中的关键内容，效果如图 5-1 所示。

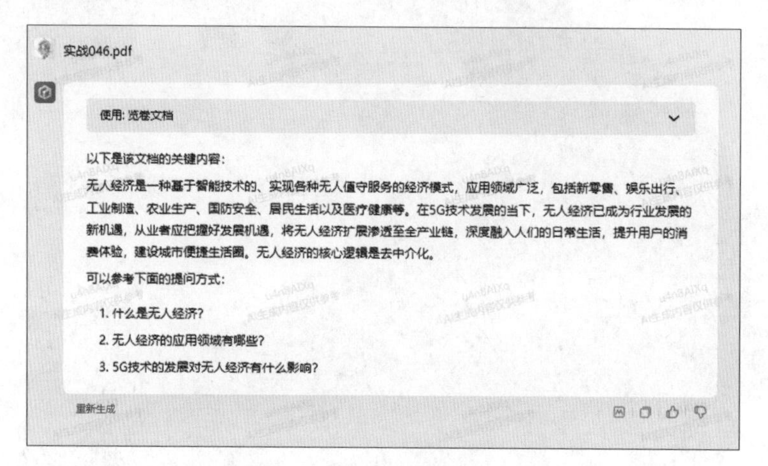

图 5-1　总结无人经济文章内容效果

下面介绍总结无人经济文章内容的操作方法。

步骤 01 进入文心一言主页，单击“选择插件”按钮，在弹出的列表框中选择“览卷文档”插件，如图 5-2 所示。

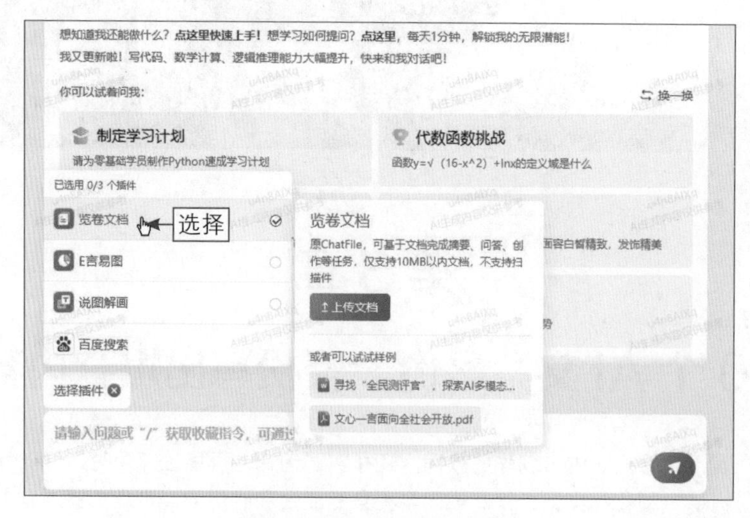

图 5-2　选择“览卷文档”插件

步骤 02 执行操作后，即可启用“览卷文档”插件，在输入框的左上角单击“上传文件”按钮，如图 5-3 所示。

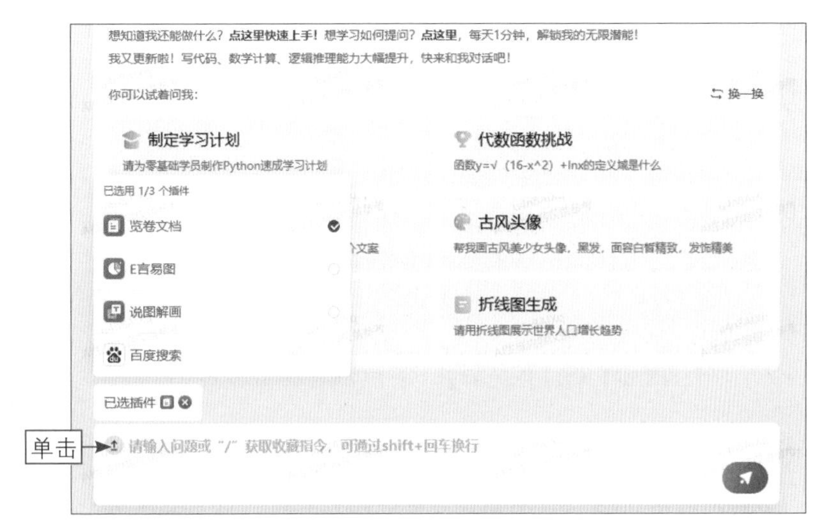

图 5-3　单击“上传文件”按钮

步骤 03 执行操作后，弹出“打开”对话框，选择相应的文档，如图 5-4 所示。

图 5-4　选择相应的文档

★ 专 家 提 醒 ★

“览卷文档”插件的原名为 ChatFile，可基于用户上传的文档完成摘要、问答、创作等任务，仅支持 10MB 以内的文档，不支持扫描件。用户可以上传 .doc、.docx、.pdf 格式的文档文件，其中 .pdf 格式的文件不能是扫描件。

步骤 04 单击“打开”按钮，即可上传所选的文档。AI 会自动阅读和解析文档内容，如图 5-5 所示，稍等片刻，即可自动提取并总结文档中的关键内容。

图 5-5 AI 自动阅读和解析文档内容

实战 047 生成新媒体思维导图

扫码看教学视频

思维导图是一种用于组织、表示和可视化信息的图形工具，旨在帮助人们更好地理清思路、解决问题、记忆信息、进行创意思考和项目规划。本案例主要使用文心一言中的“E 言易图”插件来生成新媒体思维导图，不仅提高了信息传达的效率，还拓宽了思维导图的创作领域，效果如图 5-6 所示。

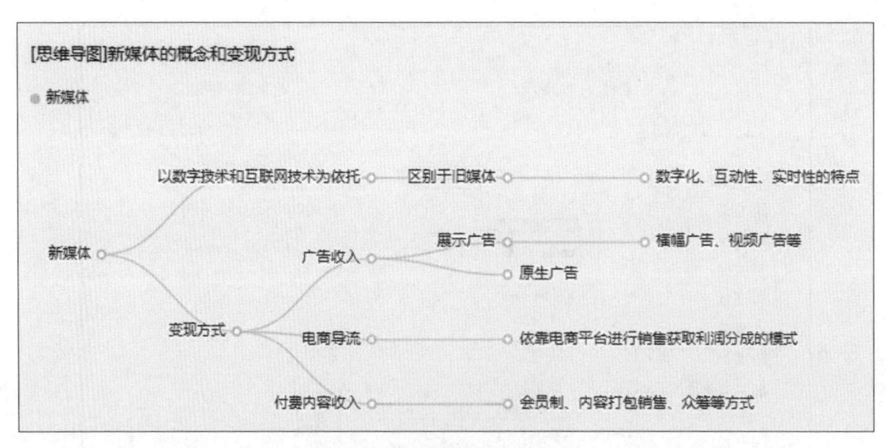

图 5-6 新媒体思维导图效果

下面介绍生成新媒体思维导图的操作方法。

步骤 01 进入文心一言主页，单击“选择插件”按钮，在弹出的列表框中选择“E 言易图”插件，如图 5-7 所示，启用该插件。

步骤 02 在文心一言的对话窗口中，输入相应的提示词，如图 5-8 所示。

步骤 03 按【Enter】键确认，文心一言会调用“E 言易图”插件来分析数据，如图 5-9 所示。

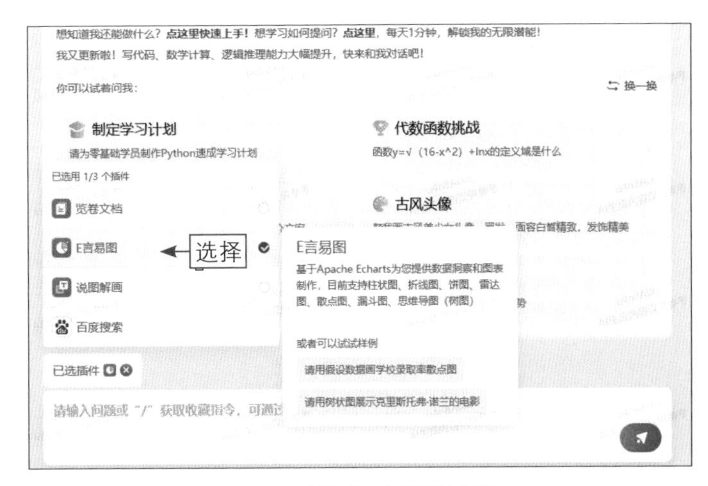

图 5-7　选择"E 言易图"插件

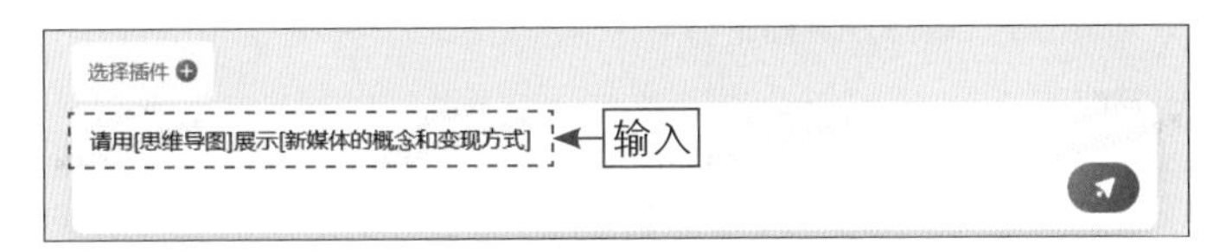

图 5-8　输入相应的提示词

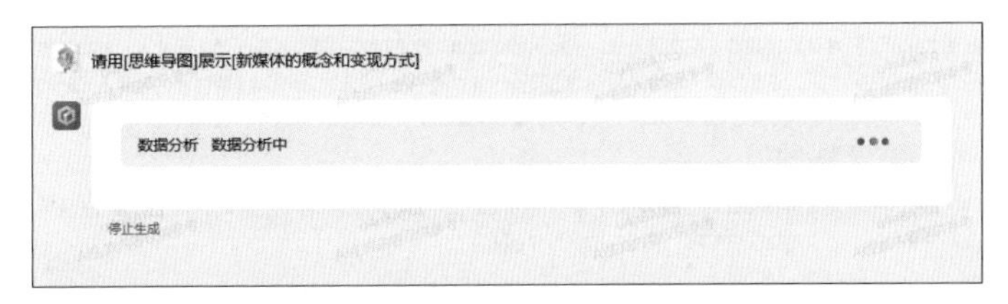

图 5-9　调用"E 言易图"插件分析数据

步骤 04 稍等片刻，即可自动生成相应的思维导图等内容，如图 5-10 所示。

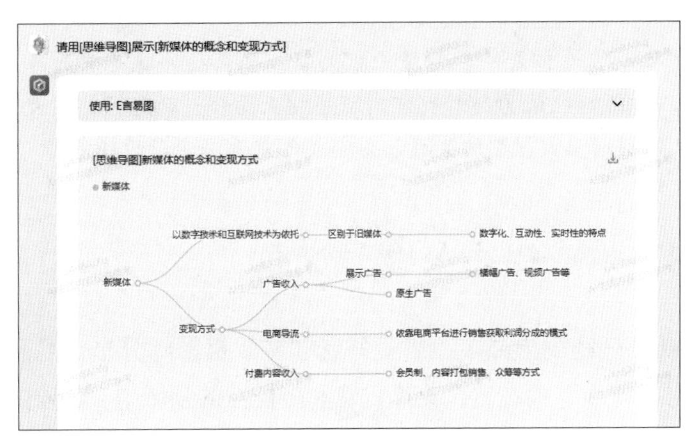

图 5-10

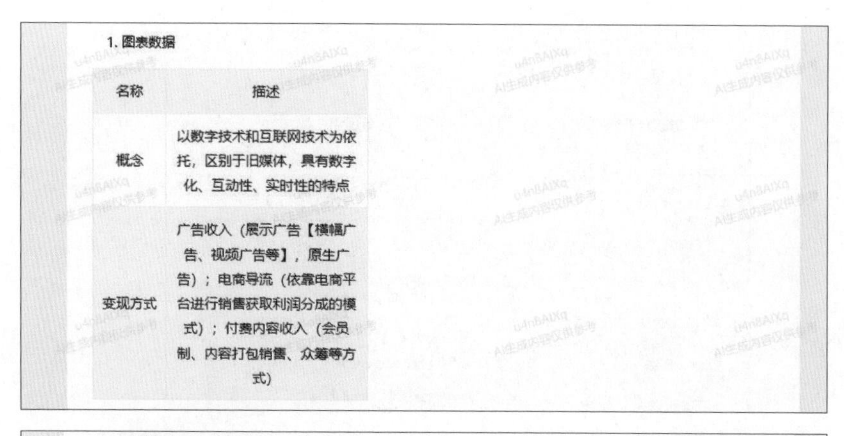

1. 图表数据

名称	描述
概念	以数字技术和互联网技术为依托，区别于旧媒体，具有数字化、互动性、实时性的特点
变现方式	广告收入（展示广告【横幅广告、视频广告等】，原生广告）；电商导流（依靠电商平台进行销售获取利润分成的模式）；付费内容收入（会员制、内容打包销售、众筹等方式）

2. 选择图表类型：树状图

树状图是一种展示层级关系的图形化方式，能够清晰地展现数据的分类、隶属关系，特别是对于层级较多、数据量较大的数据集，树状图是一种很好的展示方式。此图表中，通过树状图可以清晰地展现“新媒体”相关的“概念”和“变现方式”的层级关系和数据分类。

3. 图表内容

此树状图展示了“新媒体”的“概念”和“变现方式”。在“概念”下，进一步展示了新媒体的特点，包括数字化、互动性和实时性。在“变现方式”下，展示了新媒体的三种主要收入来源：广告收入、电商导流和付费内容收入。在广告收入中，又进一步展示了展示广告和原生广告两种类型。

4. 深层含义或趋势

此图表展示了新媒体的主要特性和变现方式。从数据可以看出，新媒体的主要收入来源是广告收入，其次是电商导流和付费内容收入。这也反映出新媒体行业的主要盈利模式集中在广告和电商领域，而付费内容收入相对较少。同时，新媒体的数字化、互动性和实时性特点，使得其能够更好地适应市场需求，为用户提供更好的服务，从而在市场竞争中占据优势。

我（文心一言）是百度开发的人工智能模型，通过分析大量公开文本信息进行学习。然而，我所提供的信息可能存在误差。因此上文内容仅供参考，并不应被视为专业建议。

重新生成

图 5-10　自动生成相应的思维导图等内容

★ 专 家 提 醒 ★

如果将文心一言看作是一个智能中枢大脑，那么插件就是它的耳、目、手。插件可以将文心一言的 AI 能力与外部应用程序相互结合，既能够拓展大模型的应用范围和能力，又能够利用大模型的生成能力完成之前无法实现的任务。

实战 048　生成摄影公众号文章

扫码看教学视频

摄影公众号已经成为许多摄影爱好者和专业摄影师分享作品和经验技巧的热门平台，而在这个充满创意和多样性的领域中，创建引人入胜的图文内容对于吸引粉丝和传达艺术信息至关重要。

本案例主要使用文心一言中的“说图解画”插件，根据上传的图片快速生成相应的摄影公众号文章，不仅可以为创作者节省时间，还为摄影公众号带来了更丰富的内容，效果如图 5-11 所示。

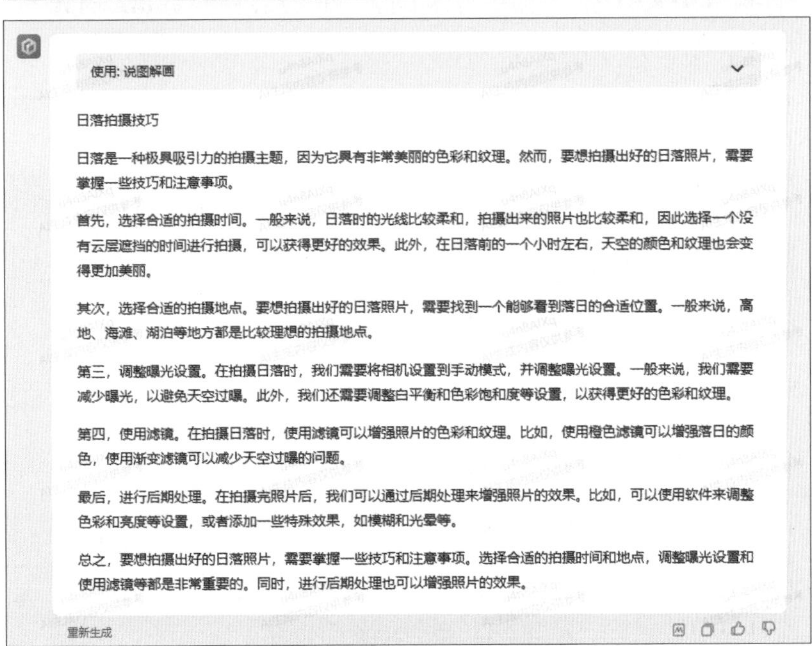

图 5-11　摄影公众号图文内容效果

下面介绍生成摄影公众号文章的操作方法。

步骤 01 进入文心一言主页，单击“选择插件”按钮，在弹出的列表框中选择“说图解画”插件，如图 5-12 所示，启用该插件。

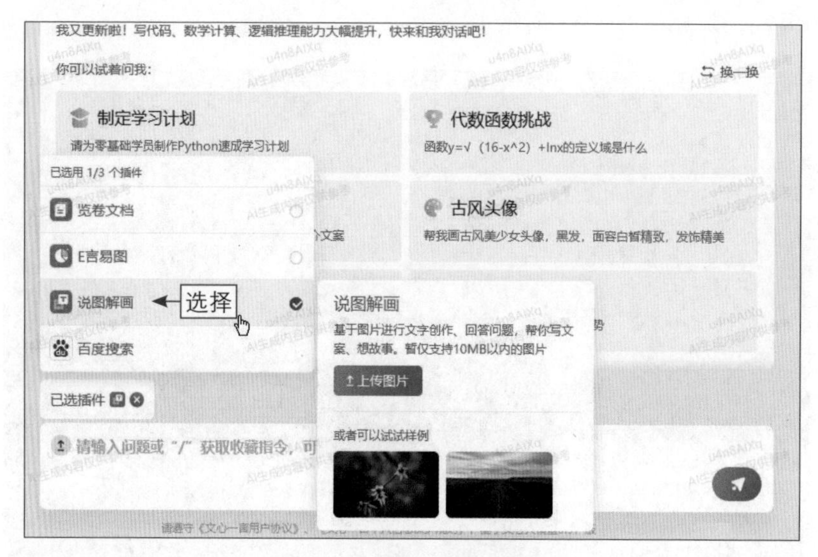

图 5-12　选择“说图解画”插件

步骤 02 在输入框的左上角单击“上传文件”按钮，弹出“打开”对话框，选择相应的素材图像，如图 5-13 所示。

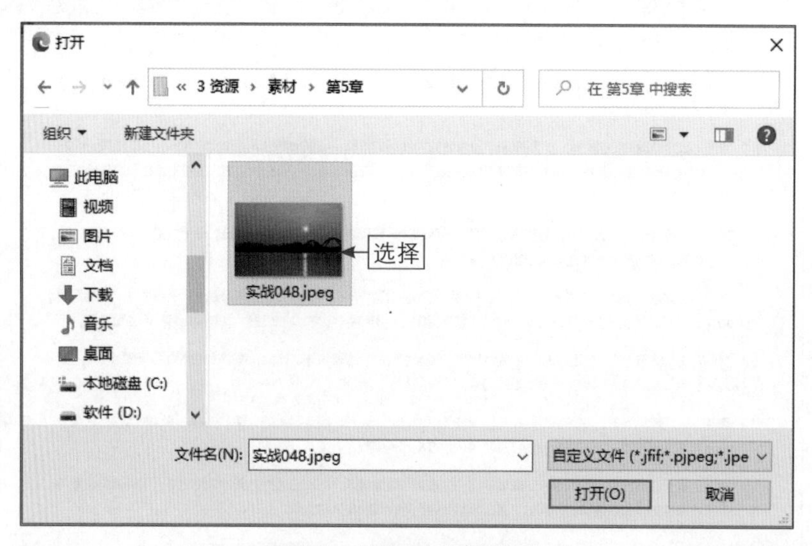

图 5-13　选择相应的素材图像

步骤 03 单击“打开”按钮，即可上传素材图像，AI 开始自动解析图片，如图 5-14 所示。

图 5-14　AI 自动解析图片

步骤 04 稍等片刻，AI 会将自己对图片信息的理解整理成文字，并提供一些提问示例，如图 5-15 所示。

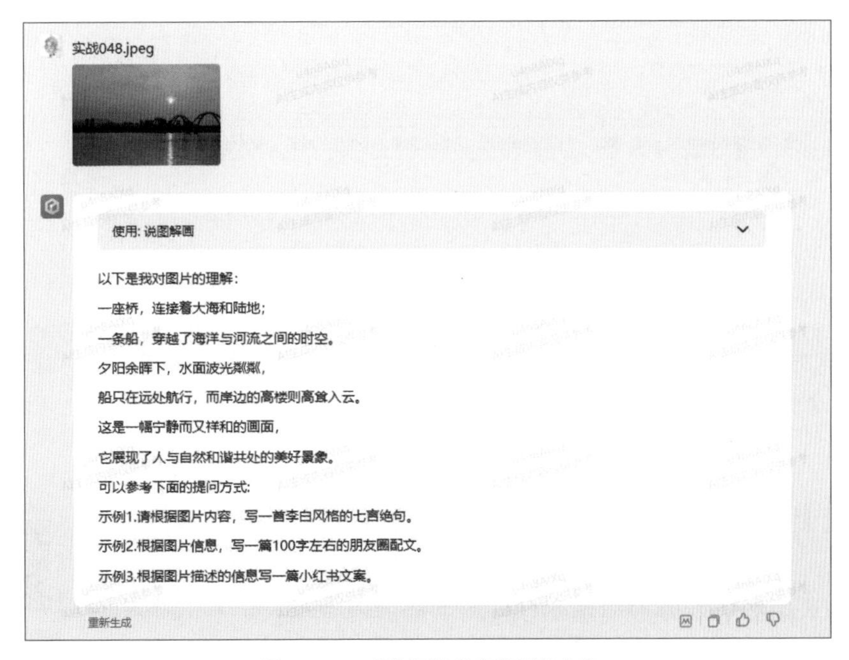

图 5-15　AI 根据图片信息整理的文字

步骤 05 选择相应的提问示例，如写朋友圈配文，将其复制并粘贴到提示词输入框中，如图 5-16 所示。

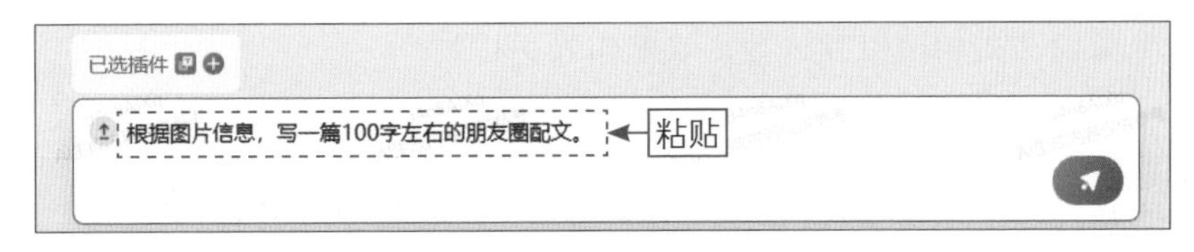

图 5-16　复制并粘贴相应提示词

步骤 06 按【Enter】键确认，即可生成相应的朋友圈配文，如图 5-17 所示。

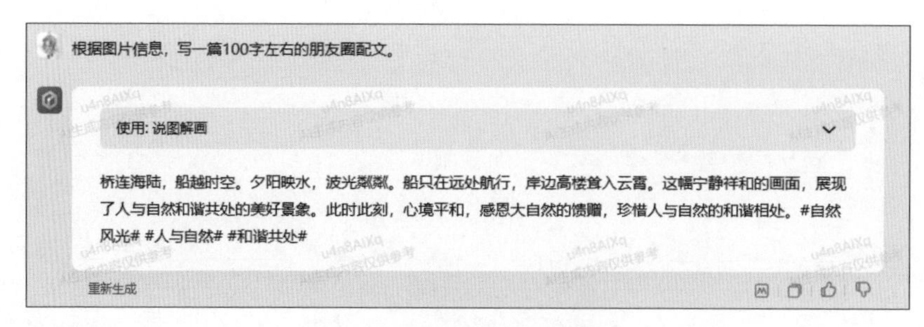

图 5-17　生成相应的朋友圈配文

步骤 07 用户也可以输入自定义的提示词，如图 5-18 所示，按【Enter】键确认，即可生成一篇 500 字左右的摄影公众号文章。

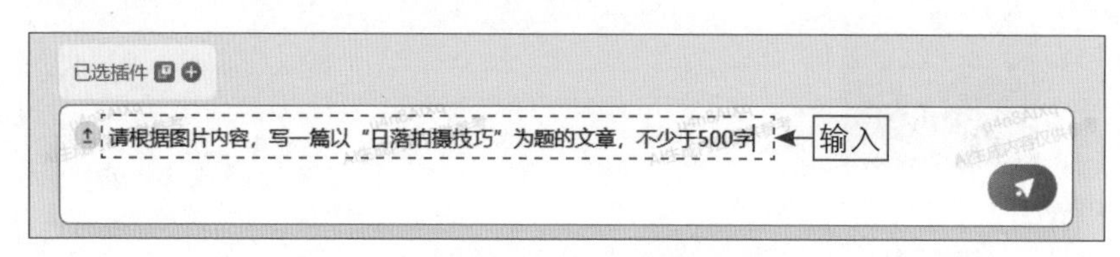

图 5-18　输入自定义的提示词

★ 专 家 提 醒 ★

"说图解画"插件可以基于用户上传的图片进行文字创作或回答问题，能够帮助用户写文案、想故事，目前仅支持 10MB 以内的图片。

实战 049　创作美食团购短视频脚本

扫码看教学视频

美食团购已经成为短视频社区中的热门内容之一，人们热衷于通过短视频分享各种令人垂涎欲滴的美食体验，并推荐相应的优质餐厅。然而，制作引人入胜的美食团购短视频脚本需要一定的创意和专业知识。

本案例主要介绍使用文心一言创作美食团购短视频脚本的方法，可以帮助美食爱好者和内容创作者更快、更轻松地制作美食团购短视频，包括视频内容的画面构思、旁白文案和拍摄方法等，效果如表 5-1 所示。

表 5-1　美食团购短视频脚本效果

镜头	运镜	画面	旁白	备注
1	推镜头	夜晚，繁华的街道	忙碌了一天的你，是否已经厌倦了快餐和外卖？	缓慢推进，背景音乐渐入

续表

镜头	运镜	画面	旁白	备注
2	移镜头	热闹的夜市，摊位上冒着烟，香气四溢	让我们一起走进夜市，感受那股热闹的氛围和美食的诱惑。	平稳移动，捕捉热闹场景
3	推镜头	特别的摊位，招牌小龙虾套餐的展示，龙虾鲜艳诱人	今晚，让我们一起品尝【招牌小龙虾套餐】，让味蕾享受一场盛宴！	缓慢推进，突出小龙虾的鲜艳和诱人画面
4	推镜头	手拿龙虾，一口咬下，汁液四溢，表情满足	每一口都鲜嫩多汁，每一口都让人回味无穷。	快速推镜头，捕捉特写画面
5	拉镜头	展示团购套餐的价格，通过明亮的数字和丰富的食材令人眼前一亮	现在，我们推出的【招牌小龙虾套餐】团购活动，让您品尝美食的同时，还能享受价格优惠和超值分量！	缓慢拉镜头，展示团购套餐的丰富内容
6	跟镜头	忙碌的厨房，厨师们正在热炒小龙虾，手法熟练	我们的厨师们用心烹饪，保证了每一份套餐都是口感和视觉的双重享受。	紧跟镜头，捕捉厨师们的熟练手法和热情投入
7	摇镜头	一个快乐的聚餐场景，朋友们围坐在一起，分享美食，笑声不断	想象一下，你和朋友们围坐在一起，品尝着美味的小龙虾，谈笑风生，是不是感觉生活都变得更加美好了呢?	左右摇镜头，捕捉聚餐场景和人们的笑容
8	旋转镜头	一个精致的礼盒，上面写着“感谢你的支持，愿美食与你同在”	感谢每一个支持我们的朋友，美食与你同在，让我们一起分享这份美食的快乐。	在背景音乐播放完毕后，出现字幕滚动，结束视频

下面介绍创作美食团购短视频脚本的操作方法。

步骤01 在文心一言的对话窗口中，输入相应的提示词，如图5-19所示。

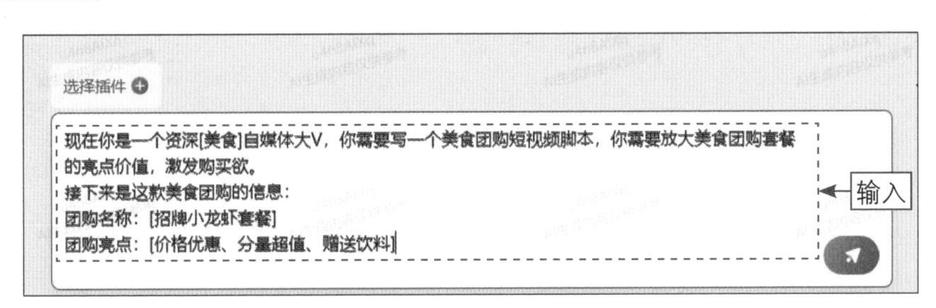

图5-19 输入相应的提示词

步骤02 按【Enter】键确认，即可生成相应的美食团购短视频脚本，具体内容如图 5-20 所示。

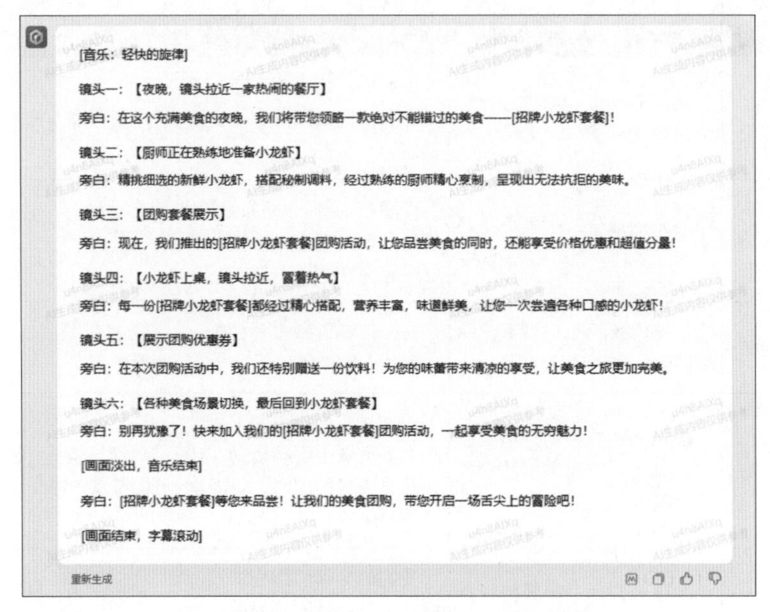

图 5-20　生成相应的美食团购短视频脚本内容

步骤 03 上面生成的脚本不够完整，继续修改提示词，在文心一言的对话窗口中输入相应的提示词，如图 5-21 所示，按【Enter】键确认，即可生成更加完整的短视频脚本。

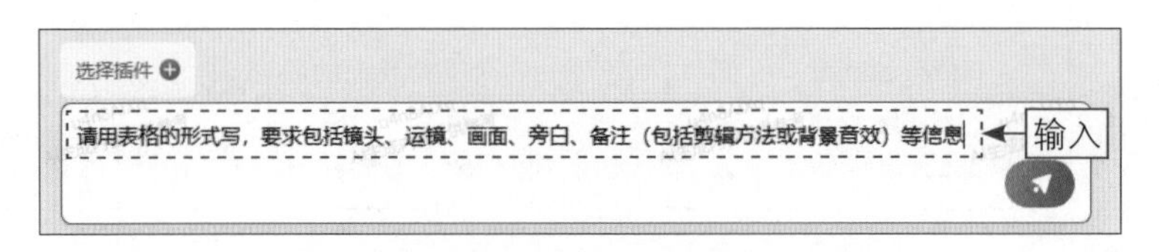

图 5-21　输入相应的提示词

实战 050　续写儿童小故事

扫码看教学视频

儿童小故事是培养孩子想象力、道德观念和语言技能的重要内容，然而创作新的小故事往往会让大家绞尽脑汁。其实，文心一言可以为用户创作儿童小故事提供很多灵感，能够帮助教育者、家长和作家更轻松地创作新的儿童小故事，拓宽故事创作的思路。

本案例主要介绍使用文心一言续写儿童小故事的方法，通过 AI 的帮助，可以快速生成新的情节、角色和教育元素，为孩子们提供更多丰富多彩的阅读体验，有助于提升孩子们的阅读兴趣，为他们的成长带来更多的乐趣和启发，效果如图 5-22 所示。

图 5-22　续写儿童小故事效果

下面介绍续写儿童小故事的操作方法。

步骤 01 在文心一言的对话窗口中，输入相应的提示词，主要用于指定故事的开头情节和内容特色，如图 5-23 所示。

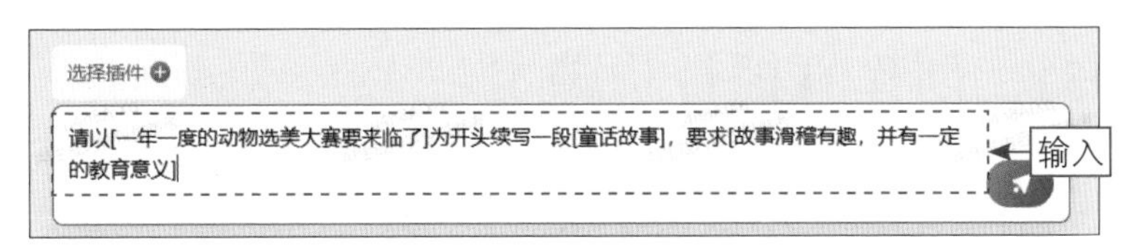

图 5-23　输入相应的提示词

步骤 02 按【Enter】键确认，AI 会根据提示词给的开头情节进行续写，具体内容如图 5-24 所示。

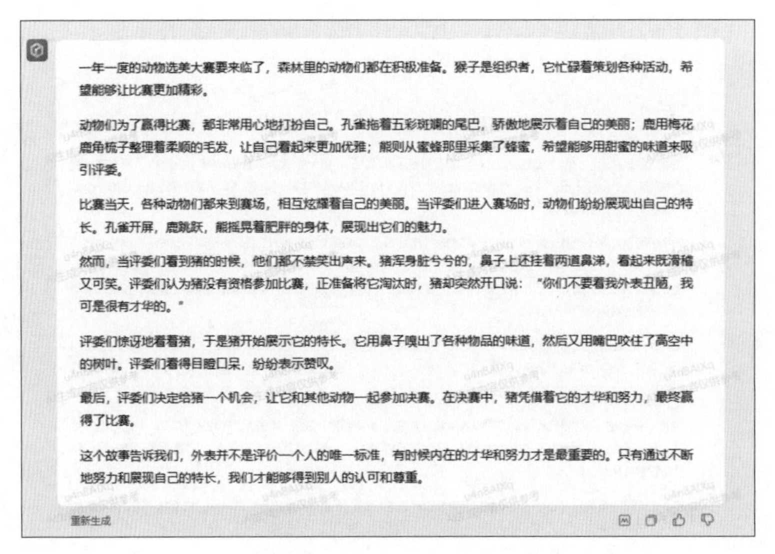

图 5-24　AI 续写的故事内容

步骤 03 在文心一言的对话窗口中，输入相应的提示词，主要用于改变故事内容的写作风格，如图 5-25 所示，按【Enter】键确认，即可生成安徒生风格的故事内容。

图 5-25　输入相应的提示词

★ 专 家 提 醒 ★

通过使用文心一言，用户可以轻松地启动一个新的故事分支，或者为已有的故事添加更多细节和情节，让故事内容更加丰富和生动。

实战 051　创作直播带货脚本

扫码看教学视频

直播带货是一种通过实时在线视频直播平台，由主播展示和推销产品或服务，以吸引消费者购买的销售模式。直播带货已成为当今电子商务领域的一种热门趋势，它融合了娱乐和电商，为消费者提供了更丰富的购物体验。

文心一言可以帮助主播轻松创建吸引人的直播带货脚本，包括产品介绍、销售文案和互动活动等内容，不仅可以提高直播间的转化率，还提供了更多的商品销售和品牌推广机会。本案例主要介绍使用文心一言创作直播带货脚本的方法，为主播带来更加顺畅的直播带货体验，并吸引消费者的兴趣，效果如图 5-26 所示。

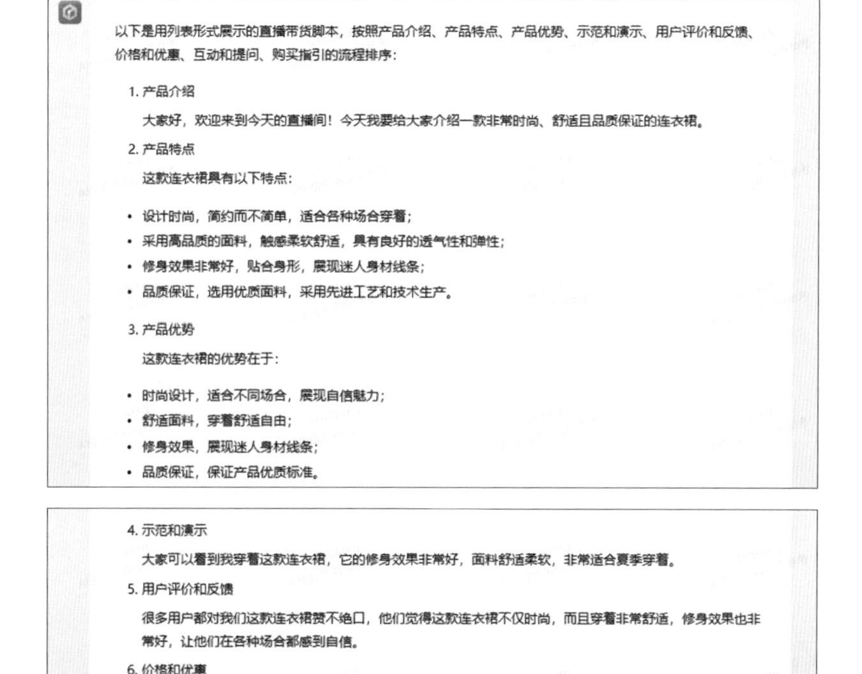
以下是用列表形式展示的直播带货脚本，按照产品介绍、产品特点、产品优势、示范和演示、用户评价和反馈、价格和优惠、互动和提问、购买指引的流程排序：

1. 产品介绍

   大家好，欢迎来到今天的直播间！今天我要给大家介绍一款非常时尚、舒适且品质保证的连衣裙。

2. 产品特点

   这款连衣裙具有以下特点：

- 设计时尚，简约而不简单，适合各种场合穿着；
- 采用高品质的面料，触感柔软舒适，具有良好的透气性和弹性；
- 修身效果非常好，贴合身形，展现迷人身材线条；
- 品质保证，选用优质面料，采用先进工艺和技术生产。

3. 产品优势

   这款连衣裙的优势在于：

- 时尚设计，适合不同场合，展现自信魅力；
- 舒适面料，穿着舒适自由；
- 修身效果，展现迷人身材线条；
- 品质保证，保证产品优质标准。

4. 示范和演示

   大家可以看到我穿着这款连衣裙，它的修身效果非常好，面料舒适柔软，非常适合夏季穿着。

5. 用户评价和反馈

   很多用户都对我们这款连衣裙赞不绝口，他们觉得这款连衣裙不仅时尚，而且穿着非常舒适，修身效果也非常好，让他们在各种场合都感到自信。

6. 价格和优惠

   这款连衣裙原价是999元，现在购买可以享受100元的优惠，只需要899元就可以拥有它！而且现在购买还可以获得我们的小礼品一份。

7. 互动和提问

   大家对于这款连衣裙还有什么问题或者想要了解更多的话，可以在弹幕中提问，我会为大家解答。

8. 购买指引

   如果大家对这款连衣裙感兴趣的话，可以点击屏幕下方的购买链接，直接跳转到购买页面进行购买。同时也提醒大家，我们的库存有限，先下单先得哦！

以上就是今天的直播带货内容，希望大家能够喜欢这款时尚、舒适且品质保证的连衣裙，如果有什么问题的话，可以在弹幕中提问，我们会为大家及时解答。谢谢大家的观看和支持！

重新生成

图 5-26　直播带货脚本效果

下面介绍创作直播带货脚本的操作方法。

步骤 01 在文心一言的对话窗口中，输入相应的提示词，主要用于让 AI 扮演带货主播的角色，并指定相关的内容要求和商品信息，如图 5-27 所示。

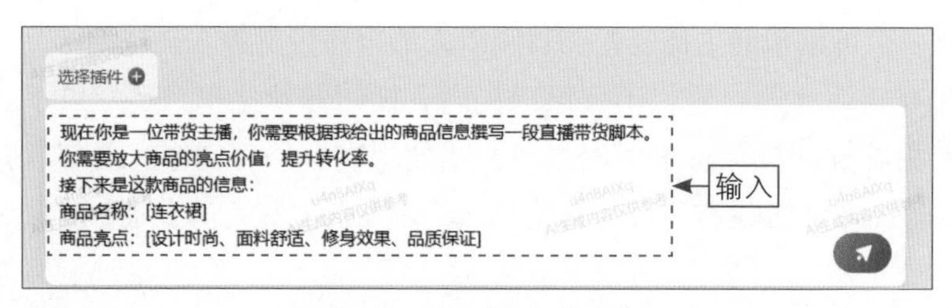

图 5-27　输入相应的提示词

步骤 02 按【Enter】键确认，AI 会根据提示词生成更有代入感的直播带货脚本，具体内容如图 5-28 所示。

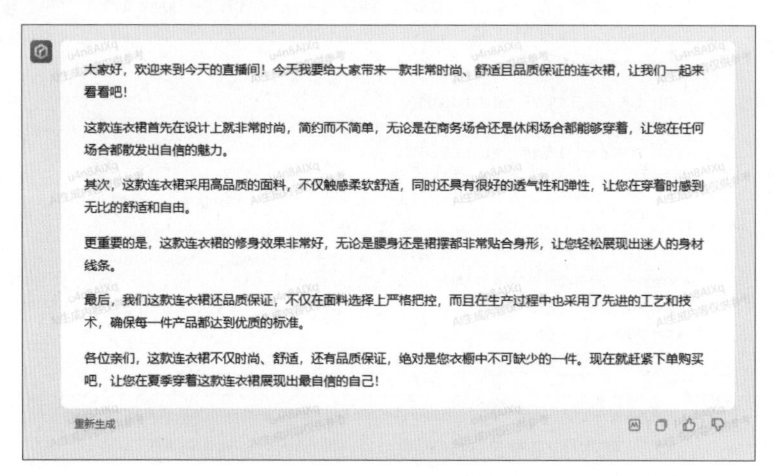

图 5-28　生成有代入感的直播带货脚本内容

步骤 03 在文心一言的对话窗口中，输入相应的提示词，主要用于让 AI 按照一般的直播流程来排列脚本内容，并增加内容的丰富性，如图 5-29 所示，按【Enter】键确认即可。

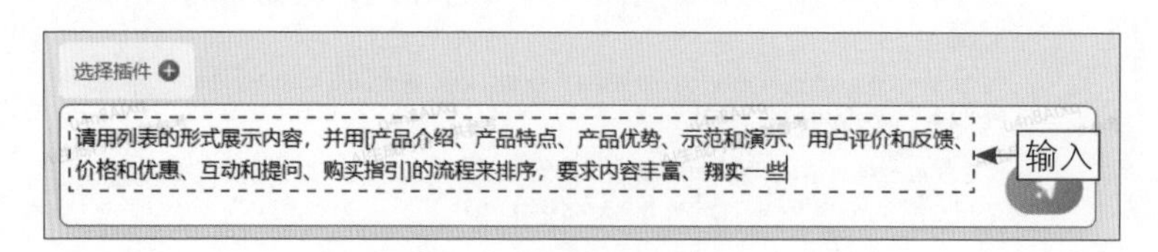

图 5-29　输入相应的提示词

实战 052　生成高级产品经理周报

扫码看教学视频

周报是一种定期发布的报告，通常以每周为周期，总结在过去一周内发生的事件、活动、进展和数据。周报的目的是向利益相关者提供信息，以帮助他们了解和评估特定领域的情况和趋势。

在快节奏的现代生活中，随着信息和数据的不断涌入，人们需要更有效地管理和传达关键信息。周报已经成为企业、组织和个人跟踪进展、制定决策和与利益相关者分享信息的重要工具。然而，手动创建周报通常需要耗费大量的时间和精力，尤其是在整理和分析数据方面的难度较大。

本案例主要介绍使用文心一言生成高级产品经理周报的方法，不仅提高了工作效率，还提供了更可靠的工作安排和总结，有助于用户更明智地制定决策和规划未来，效果如图 5-30 所示。

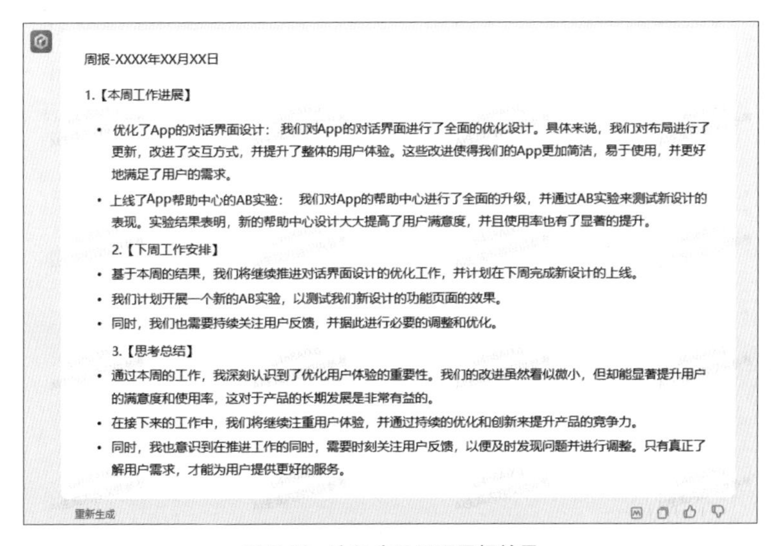

图 5-30　高级产品经理周报效果

下面介绍生成高级产品经理周报的操作方法。

步骤 01 在文心一言的对话窗口中，输入相应的提示词，主要用于让 AI 扮演高级产品经理的角色，并指定要完成的周报内容，如图 5-31 所示。

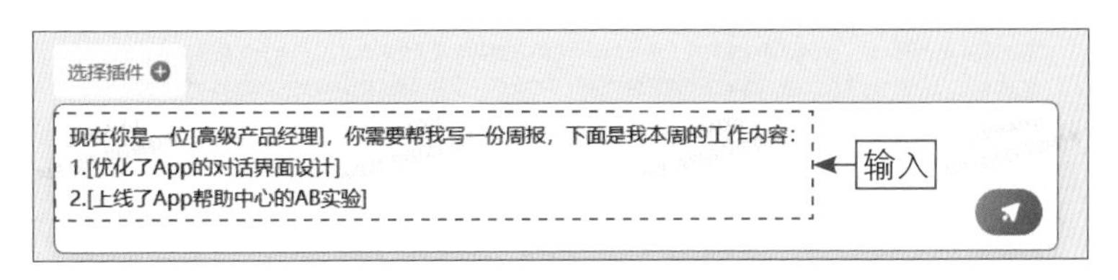

图 5-31　输入相应的提示词

步骤 02 按【Enter】键确认，AI 会根据提示词生成相应的周报，包括工作总结、工作亮点、工作不足、工作计划、备注等内容，但逻辑比较混乱，如图 5-32 所示。

周报-2023年5月12日

1. 工作总结：

本周我作为高级产品经理，主要完成了以下两个任务：

① 优化了App的对话界面设计：我与设计团队密切合作，对App的对话界面进行了全面的优化。我们的改进主要集中在交互性和用户体验方面，包括调整按钮的位置、大小和颜色，以及优化文本显示和排版。通过这些改进，我们希望能提高用户在使用APP时的效率和舒适度。

② 上线了App帮助中心的AB实验：我主导了一项重要的实验，即对App的帮助中心进行AB测试。我们为新旧两个版本的帮助中心各招募了一组用户，通过对比分析他们的反馈和行为数据，来确定哪个版本更优。实验结果表明，新版的帮助中心在用户满意度和导航便利性方面都显著优于旧版。

在工作亮点方面，我认为主要有两个：

① 通过优化App的对话界面设计，我们成功地提升了用户体验，这将有助于提高用户的留存率和满意度。

② 通过上线帮助中心的AB实验，我们得以科学地评估两个版本的优劣，确保我们的产品决策基于可靠的数据。

在工作不足方面，我认为我们在进行帮助中心的AB实验时，应该更早地引入用户反馈，以便在实验过程中及时修正和改进。此外，我们还需要对实验结果进行更深入的分析，以挖掘更多有价值的用户洞察。

针对以上不足，我建议我们在未来的实验中加强与用户的沟通，尽早收集反馈，并及时调整我们的实验设计和策略。同时，我们还需要加强对实验结果的分析能力，以便更好地利用数据来指导产品决策。

2. 下一步工作计划：

下一周，我将继续优化App的对话界面设计，同时对新功能进行立项和开发。我还将与研发团队一起，对帮助中心的AB实验进行升级和优化。此外，我还计划与市场团队一起，研究如何更好地推广我们的新产品。具体任务和时间安排如下：

① 优化App的对话界面设计（优先级：高，时间安排：3天）

- 调整按钮的布局和样式
- 优化文本的显示和排版

② 新功能开发（优先级：中，时间安排：5天）

- 与研发团队一起确定功能需求和实现方案
- 跟进研发进度并确保功能按时上线

③ 帮助中心AB实验升级和优化（优先级：中，时间安排：3天）

- 分析实验数据并总结用户反馈
- 根据反馈和数据调整实验设计和策略

④ 市场推广研究（优先级：中，时间安排：2天）

- 与市场团队讨论推广策略
- 收集和分析竞品信息

备注：

在完成本周的任务时，我遇到了一些挑战，例如与设计团队在界面布局上的分歧以及与研发团队在功能实现方案上的争议。在面对这些挑战时，我学会了更好地沟通并寻求共识，以确保我们的产品能够满足用户需求并达到预期的效果。

重新生成

图 5-32　生成相应的周报内容

步骤 03 在文心一言的对话窗口中，输入相应的提示词，主要用于让 AI 增加周报内容，同时更好地梳理内容的逻辑性，如图 5-33 所示，按【Enter】键确认即可。

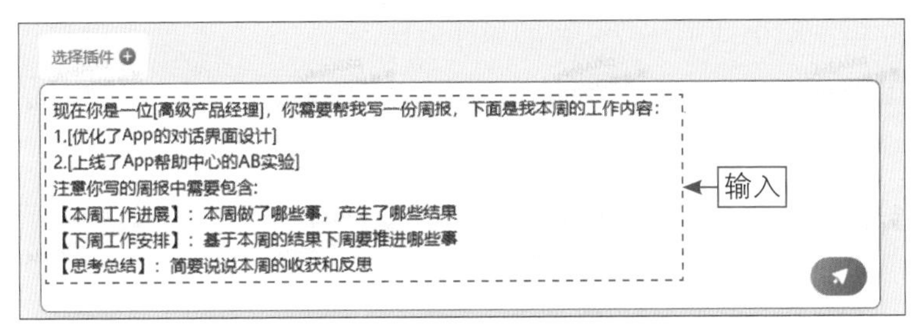

图 5-33　输入相应的提示词

实战 053　生成小红书种草文案

小红书是一个社交媒体平台，以分享生活方式、美妆、时尚、美食等各类消费品的使用体验和购物攻略而闻名。在小红书上，种草文案是指博主分享关于一款产品的使用心得或者评价的文字内容，这些文案通常包含产品的特点、使用方法、个人体验等，以吸引消费者对该产品产生兴趣并考虑购买。

文心一言可以帮助小红书博主快速生成吸引人的种草文案内容，提高产品的曝光度和销售机会。本案例主要介绍使用文心一言生成小红书种草文案的方法，帮助博主们更好地传达产品信息，提供有价值的消费体验，效果如图 5-34 所示。

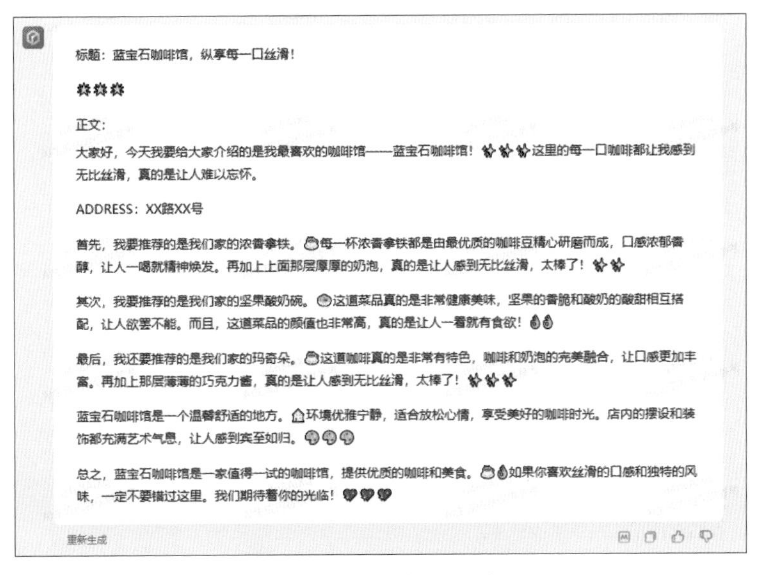

图 5-34　小红书种草文案效果

下面介绍生成小红书种草文案的操作方法。

步骤 01 在文心一言的对话窗口中，输入相应的提示词，主要用于指定文案的标题和正文内容，如图 5-35 所示。

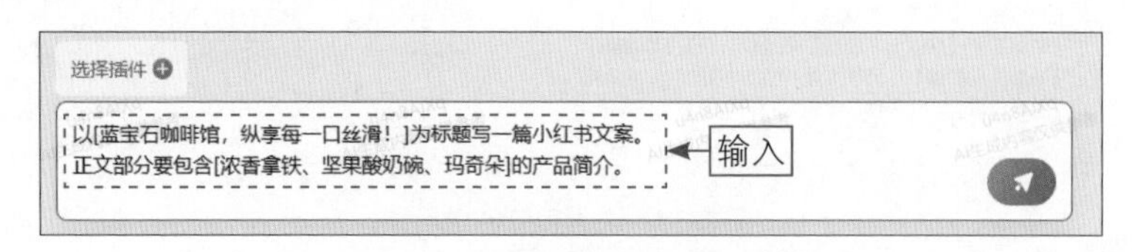

图 5-35 输入相应的提示词（1）

步骤 02 按【Enter】键确认，AI 会根据提示词生成相应的小红书种草文案，但内容比较平淡，视觉吸引力不够强，如图 5-36 所示。

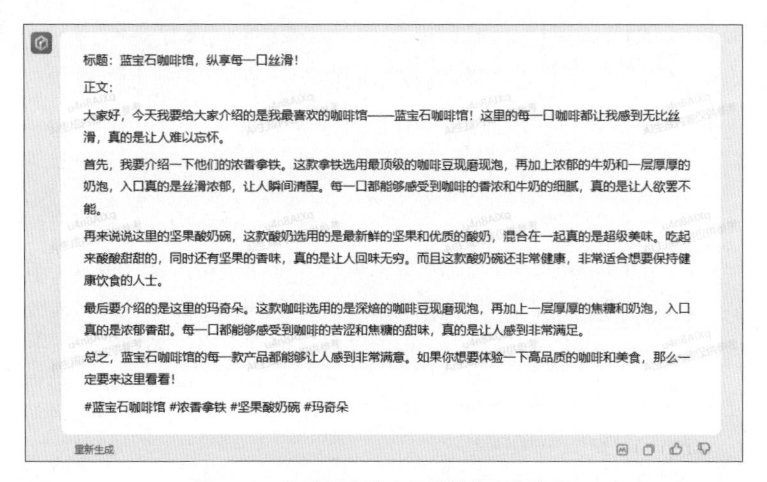

图 5-36 生成相应的小红书种草文案内容

步骤 03 在文心一言的对话窗口中，输入相应的提示词，主要用于让 AI 增加表情符号，同时添加必要的营销信息，让视觉效果更加吸睛，如图 5-37 所示，按【Enter】键确认即可。

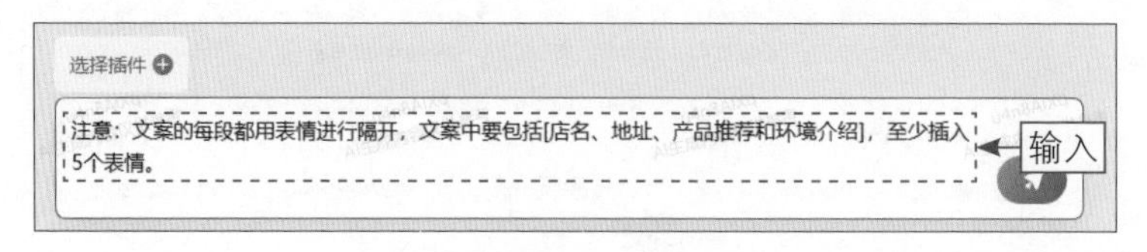

图 5-37 输入相应的提示词（2）

★ 专家提醒 ★

用户在优化提示词时，可以指导 AI 使用特定的语言、词汇和口吻，以符合所需的角色特点。

实战 054　生成朋友圈营销文案

扫码看教学视频

随着微信的普及，朋友圈的影响力越来越大，已经成为一个信息传播和好友互动的热门平台。因此，利用文心一言来生成引人注目的朋友圈营销文案，可以让用户在这个竞争激烈的市场中脱颖而出。

本案例主要介绍使用文心一言生成朋友圈营销文案的方法，帮助商家更有效地推广产品或服务，提高品牌曝光度，吸引潜在客户的关注，效果如图 5-38 所示。

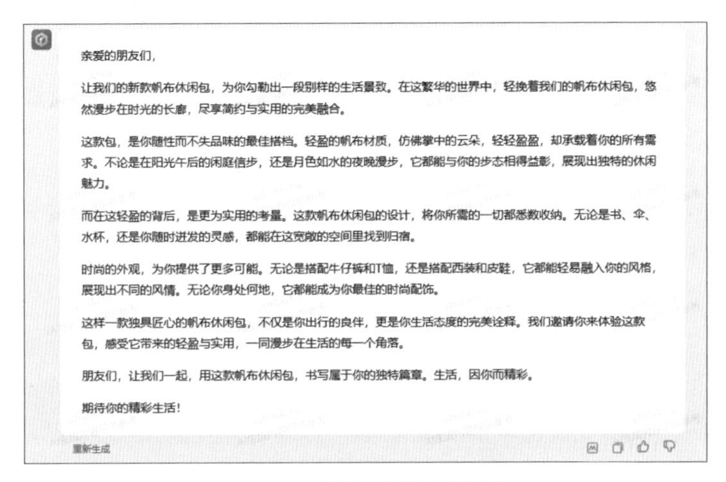

图 5-38　朋友圈营销文案效果

下面介绍生成朋友圈营销文案的操作方法。

步骤 01 在文心一言的对话窗口中，输入相应的提示词，主要用于让 AI 扮演商家的角色，并提供了商品名称和商品亮点等信息，如图 5-39 所示。

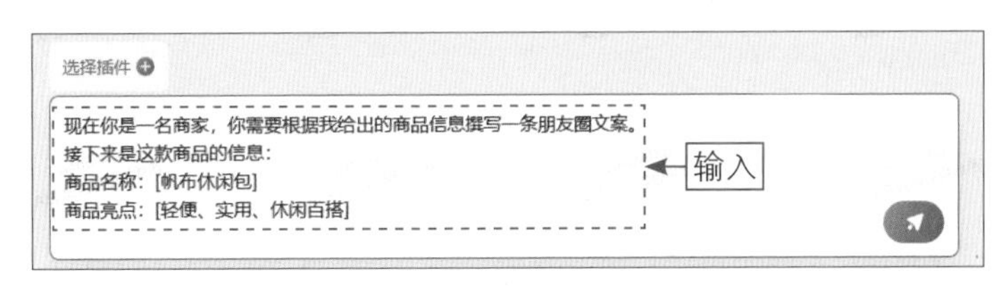

图 5-39　输入相应的提示词（1）

步骤 02 按【Enter】键确认，AI 会根据提示词生成相应的朋友圈营销文案，但内容过于简单直白，如图 5-40 所示。

步骤 03 在文心一言的对话窗口中，输入相应的提示词，在前面提示词的基础上增加了两个注意事项，要求 AI 对文案进行润色，并采用简短干练的写作风格，如图 5-41 所示，按【Enter】键确认即可。

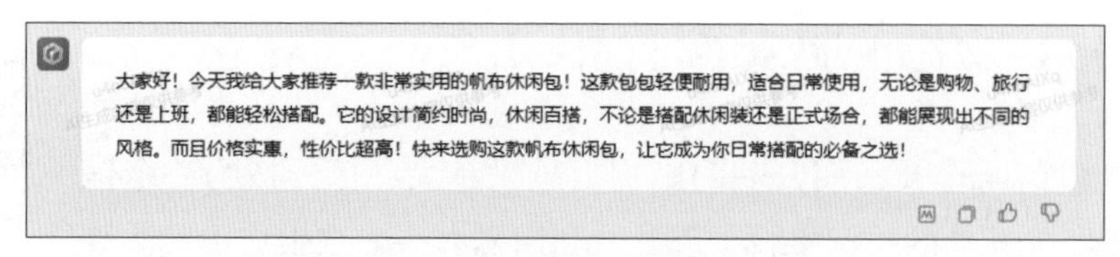

图 5-40　生成相应的朋友圈营销文案内容

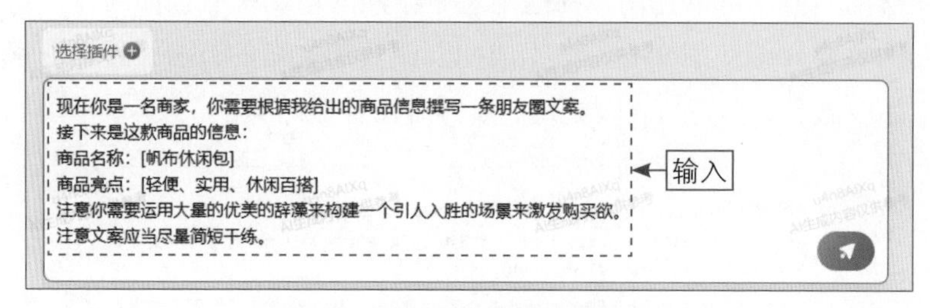

图 5-41　输入相应的提示词（2）

实战 055　策划产品发布会活动方案

扫码看教学视频

产品发布会活动方案是一份详细规划，用于组织和执行新产品或服务的发布活动。本案例主要介绍使用文心一言策划产品发布会活动方案的方法，可以提高活动策划的效率，有助于企业取得更大的成功，效果如图 5-42 所示。

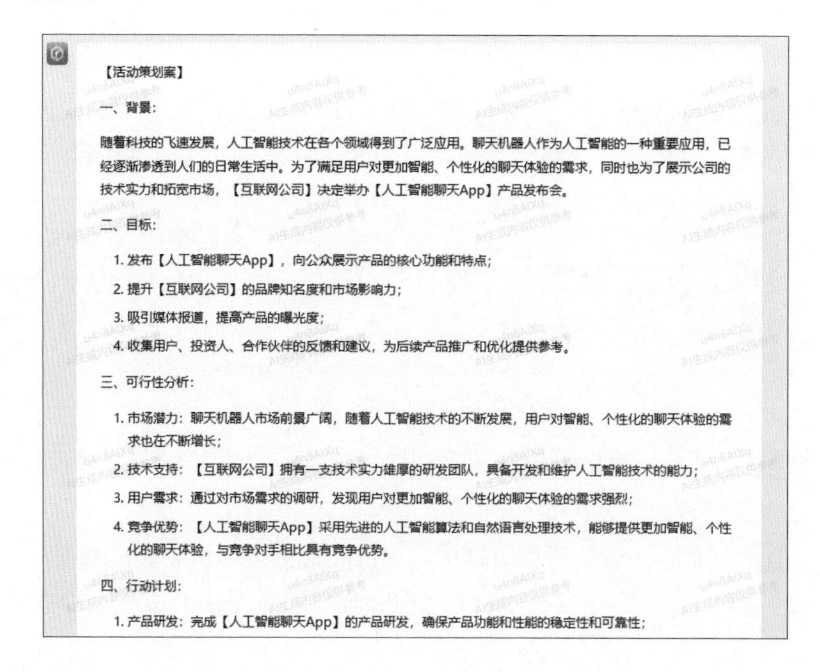

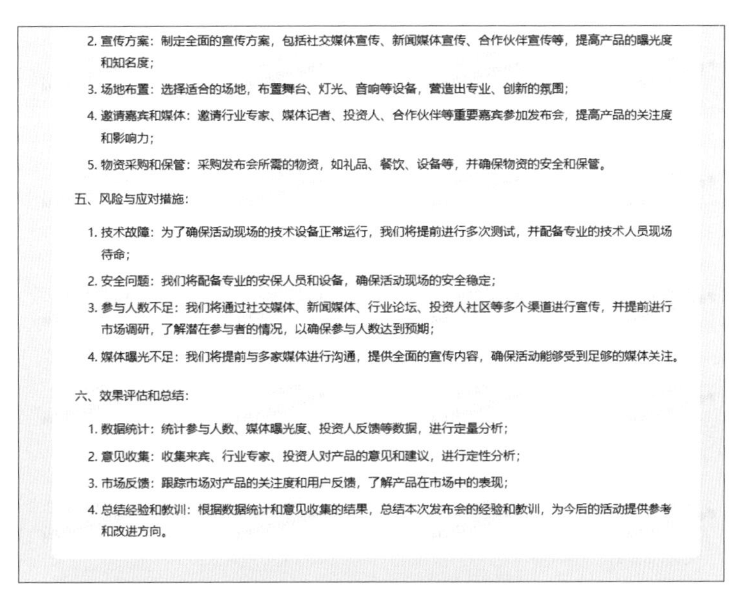

2. 宣传方案：制定全面的宣传方案，包括社交媒体宣传、新闻媒体宣传、合作伙伴宣传等，提高产品的曝光度和知名度；
3. 场地布置：选择适合的场地，布置舞台、灯光、音响等设备，营造出专业、创新的氛围；
4. 邀请嘉宾和媒体：邀请行业专家、媒体记者、投资人、合作伙伴等重要嘉宾参加发布会，提高产品的关注度和影响力；
5. 物资采购和保管：采购发布会所需的物资，如礼品、餐饮、设备等，并确保物资的安全和保管。

五、风险与应对措施：

1. 技术故障：为了确保活动现场的技术设备正常运行，我们将提前进行多次测试，并配备专业的技术人员现场待命；
2. 安全问题：我们将配备专业的安保人员和设备，确保活动现场的安全稳定；
3. 参与人数不足：我们将通过社交媒体、新闻媒体、行业论坛、投资人社区等多个渠道进行宣传，并提前进行市场调研，了解潜在参与者的情况，以确保参与人数达到预期；
4. 媒体曝光不足：我们将提前与多家媒体进行沟通，提供全面的宣传内容，确保活动能够受到足够的媒体关注。

六、效果评估和总结：

1. 数据统计：统计参与人数、媒体曝光度、投资人反馈等数据，进行定量分析；
2. 意见收集：收集来宾、行业专家、投资人对产品的意见和建议，进行定性分析；
3. 市场反馈：跟踪市场对产品的关注度和用户反馈，了解产品在市场中的表现；
4. 总结经验和教训：根据数据统计和意见收集的结果，总结本次发布会的经验和教训，为今后的活动提供参考和改进方向。

图 5-42　产品发布会活动方案效果

下面介绍策划产品发布会活动方案的操作方法。

步骤 01 在文心一言的对话窗口中，输入相应的提示词，主要用于让 AI 扮演活动策划专家的角色，并提供了具体的活动内容，如图 5-43 所示。

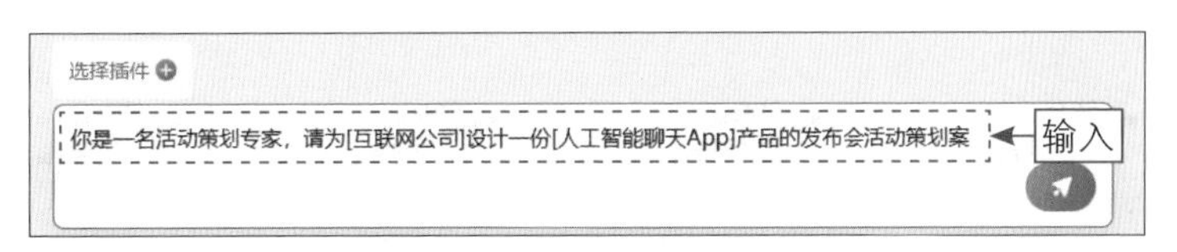

图 5-43　输入相应的提示词（1）

步骤 02 按【Enter】键确认，AI 会根据提示词生成相应的产品发布会活动方案，内容比较长且完整度很高，但不够专业，如图 5-44 所示。

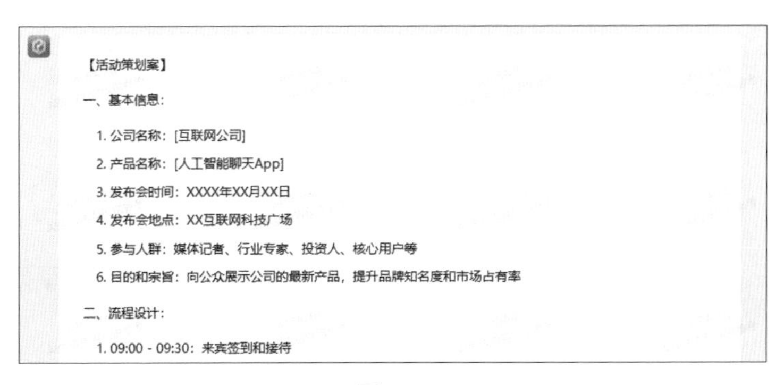

【活动策划案】

一、基本信息：

1. 公司名称：[互联网公司]
2. 产品名称：[人工智能聊天App]
3. 发布会时间：XXXX年XX月XX日
4. 发布会地点：XX互联网科技广场
5. 参与人群：媒体记者、行业专家、投资人、核心用户等
6. 目的和宗旨：向公众展示公司的最新产品，提升品牌知名度和市场占有率

二、流程设计：

1. 09:00 - 09:30：来宾签到和接待

图 5-44

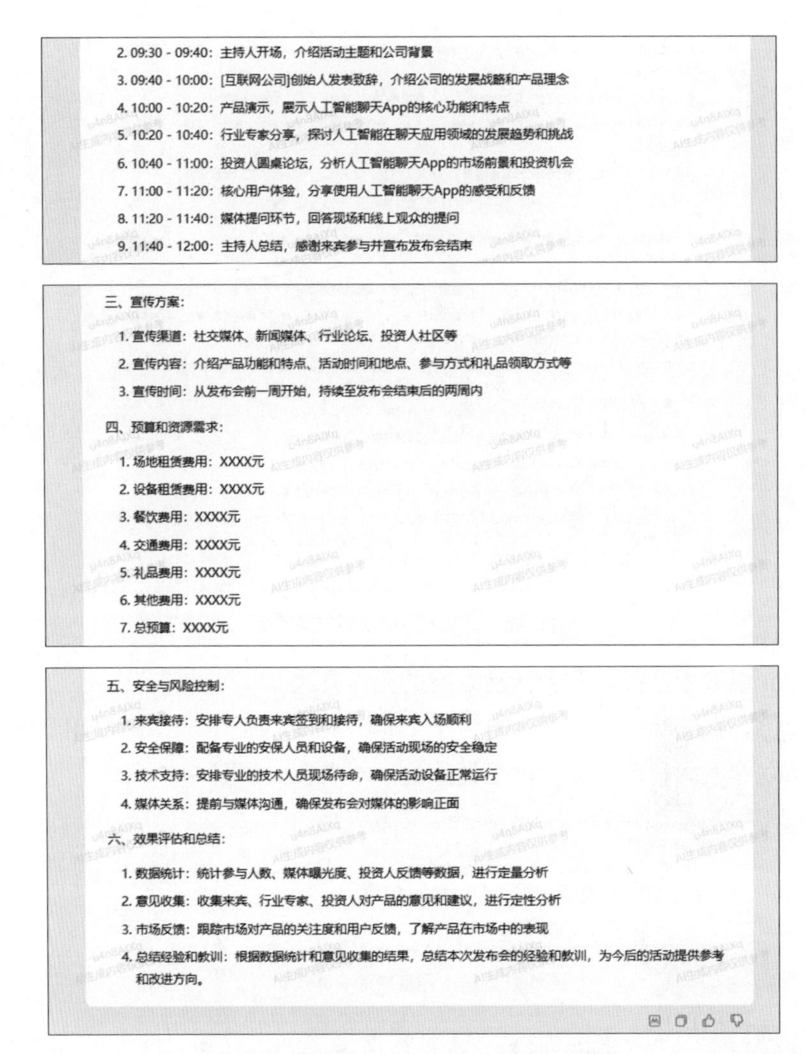

2. 09:30 - 09:40：主持人开场，介绍活动主题和公司背景

3. 09:40 - 10:00：[互联网公司]创始人发表致辞，介绍公司的发展战略和产品理念

4. 10:00 - 10:20：产品演示，展示人工智能聊天App的核心功能和特点

5. 10:20 - 10:40：行业专家分享，探讨人工智能在聊天应用领域的发展趋势和挑战

6. 10:40 - 11:00：投资人圆桌论坛，分析人工智能聊天App的市场前景和投资机会

7. 11:00 - 11:20：核心用户体验，分享使用人工智能聊天App的感受和反馈

8. 11:20 - 11:40：媒体提问环节，回答现场和线上观众的提问

9. 11:40 - 12:00：主持人总结，感谢来宾参与并宣布发布会结束

三、宣传方案：

1. 宣传渠道：社交媒体、新闻媒体、行业论坛、投资人社区等

2. 宣传内容：介绍产品功能和特点、活动时间和地点、参与方式和礼品领取方式等

3. 宣传时间：从发布会前一周开始，持续至发布会结束后的两周内

四、预算和资源需求：

1. 场地租赁费用：XXXX元

2. 设备租赁费用：XXXX元

3. 餐饮费用：XXXX元

4. 交通费用：XXXX元

5. 礼品费用：XXXX元

6. 其他费用：XXXX元

7. 总预算：XXXX元

五、安全与风险控制：

1. 来宾接待：安排专人负责来宾签到和接待，确保来宾入场顺利

2. 安全保障：配备专业的安保人员和设备，确保活动现场的安全稳定

3. 技术支持：安排专业的技术人员现场待命，确保活动设备正常运行

4. 媒体关系：提前与媒体沟通，确保发布会对媒体的影响正面

六、效果评估和总结：

1. 数据统计：统计参与人数、媒体曝光度、投资人反馈等数据，进行定量分析

2. 意见收集：收集来宾、行业专家、投资人对产品的意见和建议，进行定性分析

3. 市场反馈：跟踪市场对产品的关注度和用户反馈，了解产品在市场中的表现

4. 总结经验和教训：根据数据统计和意见收集的结果，总结本次发布会的经验和教训，为今后的活动提供参考和改进方向。

图 5-44　生成相应的产品发布会活动方案内容

步骤 03 在文心一言的对话窗口中，输入相应的提示词，在前面提示词的基础上增加了相应的注意事项，要求 AI 按照给定的内容框架来策划活动方案，如图 5-45 所示，按【Enter】键确认即可。

图 5-45　输入相应的提示词（2）

【文心一格 · AI 绘画】

第 6 章

15 个初级 AI 绘画技巧，轻松创作精美画作

文心一格是一个非常有潜力的 AI 绘画工具，可以帮助用户实现更高效、更有创意的绘画创作。本章主要介绍文心一格的初级 AI 绘画技巧，帮助大家实现“一语成画”的目标，更轻松地创作出引人入胜的精美画作。

实战 056　使用探索创作中的提示词生成图像

扫码看教学视频

对于新手来说，可以直接在文心一格首页中，使用“探索创作”选项区中的提示词，快速创作出相似的画作效果，具体操作方法如下。

步骤 01 进入文心一格首页后，在“探索创作”选项区中选择相应的画作，单击“创作相似”按钮，如图 6-1 所示。

图 6-1　单击“创作相似”按钮

步骤 02 执行操作后，进入“AI 创作”页面，自动填入所选画作的提示词，设置相应的出图数量，其他选项保持默认即可，单击“立即生成”按钮，如图 6-2 所示。

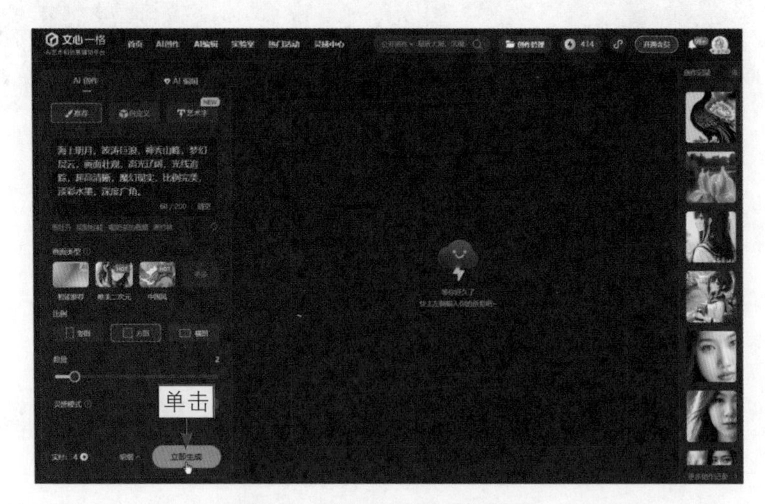

图 6-2　单击“立即生成”按钮

步骤 03 稍等片刻，即可生成美丽的风景图像效果，如图 6-3 所示。

图 6-3　生成相应的图像效果

实战 057　输入自定义的提示词生成图像

扫码看教学视频

在“AI 创作”页面中，用户可以输入自定义的提示词（该平台也将其称为创意），让 AI 生成符合自己需求的图像效果，具体操作方法如下。

步骤 01 进入“AI 创作”页面，输入相应的提示词，如图 6-4 所示。

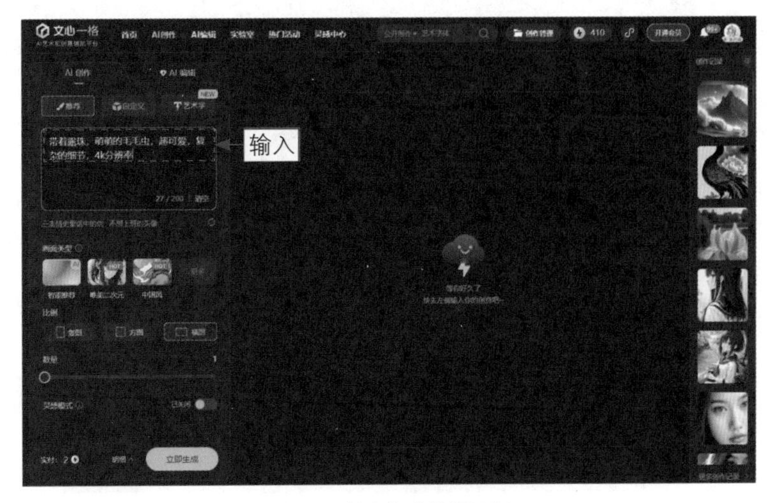

图 6-4　输入相应的提示词

步骤 02 设置相应的图像比例和出图数量，单击“立即生成”按钮，即可生成相应的图像效果，将提示词中的元素全面展现出来，如图 6-5 所示。

图 6-5　生成相应的图像效果

实战 058　使用系统推荐的提示词生成图像

扫码看教学视频

在提示词输入框的下方，系统会推荐一些提示词示例，用户可以选择相应的提示词进行 AI 绘画，具体操作方法如下。

步骤 01 进入“AI 创作”页面，选择相应的系统推荐提示词，如图 6-6 所示。

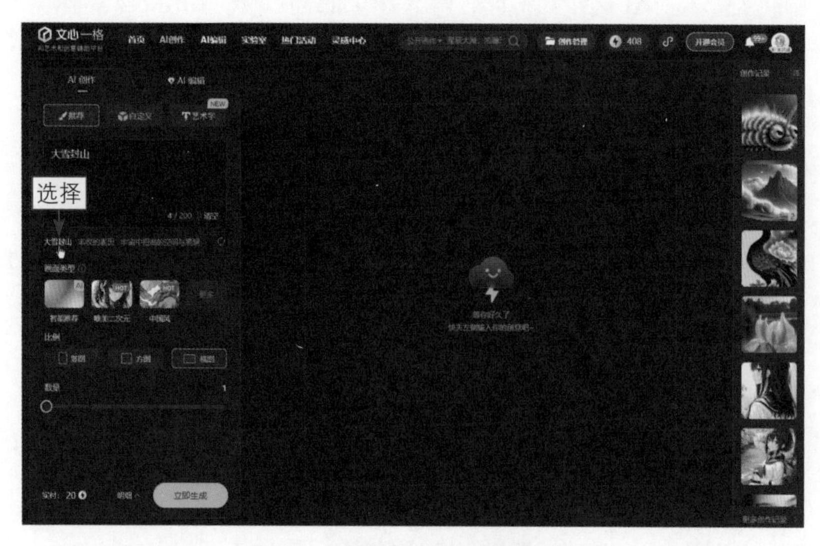

图 6-6　选择相应的系统推荐提示词

步骤 02 设置相应的画面类型、图像比例和出图数量，单击“立即生成”按钮，即可生成大雪封山的图像效果，展现出冬季山区的壮美和寂静，如图 6-7 所示。

图 6-7　生成相应的图像效果

实战 059　使用智能推荐画面类型绘画

扫码看教学视频

使用“智能推荐”画面类型生成图像时，可以通过提示词来控制画风，如采用偏写实风格的提示词绘画时，可以高度还原现实世界的细节和质感，给人一种身临其境的感觉，具体操作方法如下。

步骤 01 进入“AI 创作”页面，输入相应的提示词，在“画面类型”选项区中选择“智能推荐”选项，如图 6-8 所示。

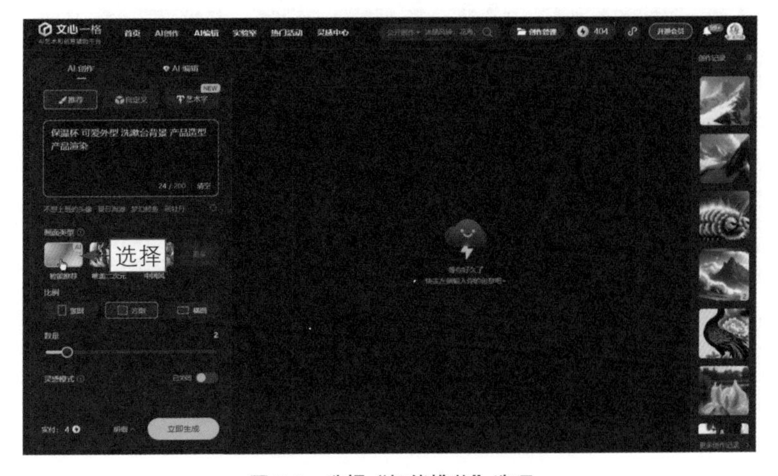

图 6-8　选择“智能推荐”选项

步骤 02 设置相应的出图数量，单击“立即生成”按钮，即可生成相应的图像效果，能够渲染出逼真的产品造型，如图 6-9 所示。

图 6-9 生成相应的图像效果

实战 060 使用艺术创想画面类型绘画

扫码看教学视频

使用“艺术创想”画面类型生成的图像效果有更强的艺术感，可以将普通的图像或场景转化为具有审美价值的创意作品，具体操作方法如下。

步骤 01 进入“AI 创作”页面，输入相应的提示词，在“画面类型”选项区中单击“更多”按钮，展开该选项区，选择“艺术创想”选项，如图 6-10 所示。

图 6-10 选择“艺术创想”选项

步骤 02 设置相应的图像比例和出图数量，单击“立即生成”按钮，即可生成相应的图像效果，体现了泥塑艺术与自然环境的结合场景，如图 6-11 所示。

图 6-11　生成相应的图像效果

实战 061　使用中国风画面类型绘画

扫码看教学视频

使用“中国风”画面类型生成的图像能够呈现出中国文化的独特魅力，营造出复古、古朴的氛围，具体操作方法如下。

步骤 01 进入“AI 创作”页面，输入相应的提示词，在“画面类型”选项区中选择“中国风”选项，如图 6-12 所示。

图 6-12　选择“中国风”选项

步骤 02 设置相应的图像比例和出图数量，单击“立即生成”按钮，即可生成相应的图像效果，营造出具有强烈中国风的视觉效果，如图 6-13 所示。

图 6-13　生成相应的图像效果

实战 062　使用插画画面类型绘画

扫码看教学视频

使用“插画”画面类型生成的图像具有鲜明的色彩、独特的图案和风格，并且会强调细节和简化的现实元素，能够吸引观者的注意力，传达出特定的情感和信息，具体操作方法如下。

步骤 01 进入“AI 创作”页面，输入相应的提示词，展开“画面类型”选项区，选择“插画”选项，如图 6-14 所示。

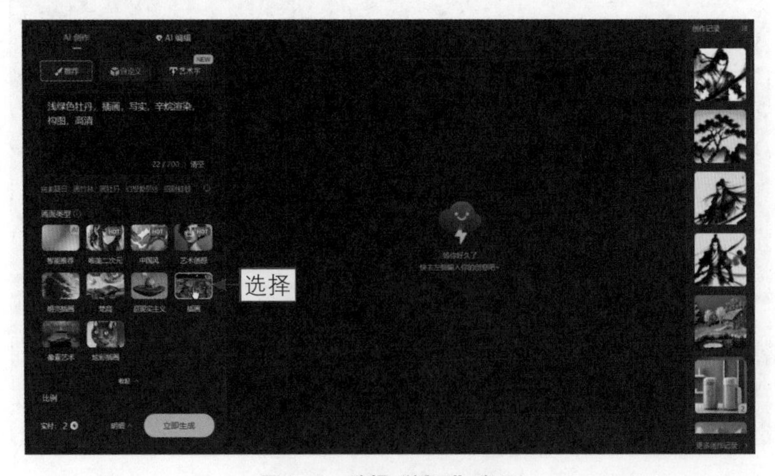

图 6-14　选择“插画”选项

步骤 02 设置相应的出图数量，单击“立即生成”按钮，即可生成插画效果，并通过精细的线条、形状和颜色搭配来突出主题和创意，如图 6-15 所示。

图 6-15 生成相应的图像效果

实战 063 使用炫彩插画画面类型绘画

扫码看教学视频

使用“炫彩插画”画面类型生成的图像具有色彩鲜艳、抽象图案、光影效果和装饰性元素等特点，可以让画面看起来更加生动、有趣，具体操作方法如下。

步骤 01 进入“AI 创作”页面，输入相应的提示词，单击“立即生成”按钮，使用“智能推荐”画面类型生成相应的图像效果，如图 6-16 所示。

图 6-16 使用“智能推荐”画面类型生成相应的图像效果

步骤 02 展开“画面类型”选项区，选择“炫彩插画”选项，单击“立即生成”按钮，使用“炫彩插画”画面类型生成相应的图像效果，如图 6-17 所示。

图 6-17　使用“炫彩插画”画面类型生成相应的图像效果

步骤 03 两次生成的图像效果对比如图 6-18 所示，虽然两张图的色彩都非常鲜艳，但使用“智能推荐”画面类型生成的图像更加真实，而使用“炫彩插画”画面类型生成的图像则更具插画风格，通过采用一些抽象的图案和图形，让画面更有创意感。

图 6-18　两次生成的图像效果对比

实战 064 使用像素艺术画面类型绘画

扫码看教学视频

使用“像素艺术”画面类型生成的图像以像素为基本单位，每个像素都有其明确的颜色和亮度，因此画面通常具有明显的颗粒感，给人一种复古或怀旧的感觉，具体操作方法如下。

步骤 01 进入“AI 创作”页面，输入相应的提示词，单击“立即生成”按钮，使用“智能推荐”画面类型生成相应的图像效果，如图 6-19 所示，可以看到，通过提示词也能让画面产生像素风格的效果。

图 6-19 使用“智能推荐”画面类型生成相应的图像效果

步骤 02 展开“画面类型”选项区，选择“像素艺术”选项，单击“立即生成”按钮，使用“像素艺术”画面类型生成相应的图像效果，如图 6-20 所示。

图 6-20 使用“像素艺术”画面类型生成相应的图像效果

步骤 03 两次生成的图像效果对比如图 6-21 所示，通过对比可以看到，使用“像素艺术”画面类型生成的图像拥有更强的像素风格，画面看起来非常清晰，不会出现过于复杂或混乱的色彩。

图 6-21 两次生成的图像效果对比

实战 065 使用凡·高画面类型绘画

扫码看教学视频

文森特·威廉·凡·高（Vincent Willem van Gogh）是一位荷兰后印象派画家，他的画作不仅色彩浓郁、饱和度高，而且色彩对比强烈，具有很强的感染力。下面介绍使用“凡·高”画面类型绘画的操作方法。

步骤 01 进入“AI 创作”页面，输入相应的提示词，设置相应的图像比例，单击“立即生成”按钮，使用“智能推荐”画面类型生成相应的图像效果，画面具有真实摄影的风格，如图 6-22 所示。

图 6-22 使用“智能推荐”画面类型生成相应的图像效果

步骤02 展开"画面类型"选项区，选择"凡・高"选项，单击"立即生成"按钮，使用"凡・高"画面类型生成相应的图像效果，如图 6-23 所示。

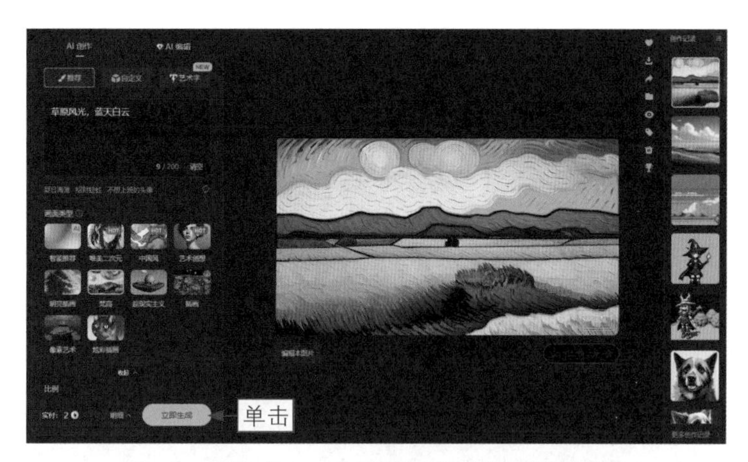

图 6-23　使用"凡・高"画面类型生成相应的图像效果

步骤03 两次生成的图像效果对比如图 6-24 所示，通过对比可以看到，使用"凡・高"画面类型生成的图像具有浓郁的色彩，而且自然景色的纹理也被精细地表现出来，能够展现出一定的绘画风格和艺术魅力。

图 6-24　两次生成的图像效果对比

实战 066 使用超现实主义画面类型绘画

扫码看教学视频

超现实主义是一门挑战现实的艺术形式，通过将不同的元素和概念融合在一起，创作出离奇而具有深刻意义的作品。下面介绍使用“超现实主义”画面类型绘画的操作方法。

步骤 01 进入“AI 创作”页面，输入相应的提示词，设置相应的图像比例，单击“立即生成”按钮，使用“智能推荐”画面类型生成相应的图像效果，这是通过提示词来直接生成超现实主义风格的图像，画面犹如梦境一般，但仍然具有一定的真实感，如图 6-25 所示。

图 6-25 使用“智能推荐”画面类型生成相应的图像效果

步骤 02 展开“画面类型”选项区，选择“超现实主义”选项，单击“立即生成”按钮，使用“超现实主义”画面类型生成相应的图像效果，如图 6-26 所示。

图 6-26 使用“超现实主义”画面类型生成相应的图像效果

步骤 03 两次生成的图像效果对比如图 6-27 所示，通过对比可以看到，使用“超现实主义”画面类型生成的图像变得更加光怪陆离，具有离奇、怪异、不合常规的特点，为观者提供了一种全新的、引人入胜的艺术体验。

图 6-27　两次生成的图像效果对比

实战 067　使用唯美二次元画面类型绘画

扫码看教学视频

二次元是一种以日本动漫、漫画和游戏为基调，追求精致、唯美、梦幻的画风的艺术形式。它通常以虚构的角色、场景和故事情节为载体，通过丰富的想象力和创作技巧来展现一种充满梦想和幻想的虚拟世界。

二次元绘画作品中的角色形象优美，色彩柔和、梦幻，场景描绘富有情感和故事性，能够给人们带来一种独特的视觉享受和情感体验。下面介绍使用“唯美二次元”画面类型绘画的操作方法。

步骤 01 进入“AI 创作”页面，输入相应的提示词，设置相应的图像比例和出图数量，单击“立即生成”按钮，使用“智能推荐”画面类型生成相应的图像效果，这是通过提示词来直接生成二次元风格的图像，人物形象比较可爱，如图 6-28 所示。

图 6-28　使用“智能推荐”画面类型生成相应的图像效果

步骤 02 在“画面类型”选项区中，选择“唯美二次元”选项，单击“立即生成”按钮，使用“唯美二次元”画面类型生成相应的图像效果，如图 6-29 所示。

图 6-29　使用“唯美二次元”画面类型生成相应的图像效果

步骤 03 两次生成的图像效果对比如图 6-30 所示，通过对比可以看到，由于用到了“二次元”这个提示词，因此两次生成的图像风格差异并不明显。

图 6-30　两次生成的图像效果对比

步骤 04 将提示词中的“二次元”去掉，再次对比“智能推荐”和“唯美二次元”画面类型生成的图像效果，此时画面风格的差异就非常大了，效果对比如图 6-31 所示。

图 6-31　在提示词中去掉“二次元”后生成的图像效果对比

实战 068　设置 AI 绘画的图像比例

扫码看教学视频

文心一格支持竖图（分辨率为 720 × 1280）、方图（分辨率为 1024 × 1024）和横图（分辨率为 1280 × 720）3 种比例。下面介绍设置 AI 绘画图像比例的操作方法。

步骤 01 进入“AI 创作”页面，输入相应的提示词，设置“比例”为“方图”、“数量”为 1，单击“立即生成”按钮，即可生成正方形画幅的图像效果，画面的宽度和高度相等，在视觉上呈现出一种平衡、稳定的感觉，如图 6-32 所示。

图 6-32　生成正方形画幅的图像效果

步骤 02 设置“比例”为“竖图”，其他参数保持不变，单击“立即生成”按钮，即可生成竖画幅的图像效果，能够保持足够的垂直空间，使画面上下部分的内容更加突出，如图 6-33 所示。

图 6-33　生成竖画幅的图像效果

步骤 03 设置“比例”为“横图”，其他参数保持不变，单击“立即生成”按钮，即可生成横画幅的图像效果，能够保持足够的水平空间，使画面内容更加广阔、流畅，如图 6-34 所示。

图 6-34　生成横画幅的图像效果

步骤 04 通过对比可以看到，在该提示词下生成的图像，横图的表现效果更佳，可以提供清晰、细腻的图像效果，如图 6-35 所示。因此，在选择图像比例时，需要根据具体的提示词和画面场景来决定。

图 6-35　横图效果

实战 069 设置 AI 绘画的出图数量

扫码看教学视频

在文心一格中进行 AI 绘画时，用户可以设置出图数量，最多能够同时生成 9 张图片。注意，其他实例的操作步骤中，在没有对“数量”参数进行说明的情况下，通常都设置为 1，仅进行教学说明。下面介绍设置 AI 绘画的出图数量的操作方法。

步骤 01 进入“AI 创作”页面，输入相应的提示词，设置“画面类型”为“中国风”、“比例”为“竖图”、“数量”为 2，如图 6-36 所示。

图 6-36 设置相应参数

步骤 02 单击“立即生成”按钮，即可同时生成两幅中国风的竖图效果，如图 6-37 所示。

图 6-37 同时生成两幅中国风的竖图效果

实战 070 开启 AI 绘画的灵感模式

扫码看教学视频

开启文心一格的“灵感模式”功能后，可以让 AI 根据自己的灵感对提示词进行改写，有利于提升画作风格的多样性，一次创作多张图片时使用该功能的效果更好，具体操作方法如下。

步骤 01 进入“AI 创作”页面，输入相应的提示词，设置“比例”为“横图”、“数量”为 1，单击“立即生成”按钮，即可生成一张风景横图，如图 6-38 所示。

图 6-38 生成一张风景横图

步骤 02 在页面下方开启“灵感模式”功能，其他参数保持不变，单击“立即生成”按钮，再次生成一张风景横图，将鼠标指针移至“复制灵感改写”按钮上，可以查看 AI 改写的提示词内容，如图 6-39 所示。

图 6-39 查看 AI 改写的提示词内容

步骤 03 保持“灵感模式”功能的开启状态，设置“数量”为2，单击“立即生成”按钮，即可生成两张风景横图，AI会添加一些辅助提示词，如“电影级打光”“野兽派”“辛烷值渲染”“庞大”等，让画面的表现力更强，呈现出更加丰富的细节和质感，效果如图6-40所示。

图6-40 AI灵感改写生成的图像效果

★ 专家提醒 ★

注意，AI灵感改写可能会使生成的画面与原始提示词不一致。

第 7 章

12 个高级 AI 绘画技巧，精准控制图像内容

文心一格作为一款基于深度学习技术开发的 AI 绘画工具，以其强大的生成能力和精准的控制手段受到了广泛关注。本章将介绍 12 个高级 AI 绘画技巧，帮助大家更好地掌握文心一格的“自定义”AI 创作功能，精准控制图像内容，发挥创意想象力，打造出独具特色的精美画作。

实战 071　使用创艺 AI 画师发挥艺术创想

扫码看教学视频

“创艺”AI 画师融合了艺术创意和人工智能技术，使得生成的画作不仅具有极高的逼真度和细腻度，还散发着独特的艺术气息和创意灵感，具体操作方法如下。

步骤 01 在“AI 创作”页面中切换至“自定义”选项卡，输入相应的提示词，设置“选择 AI 画师”为“创艺”、“数量”为 2，单击“立即生成”按钮，如图 7-1 所示。

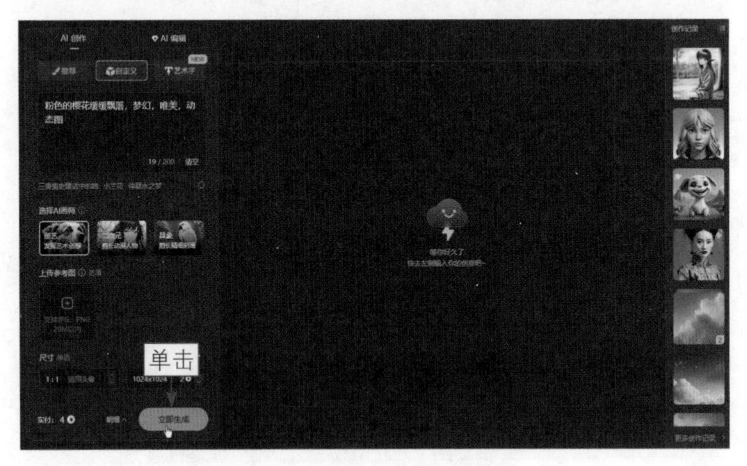

图 7-1　单击“立即生成”按钮

步骤 02 执行操作后，即可生成相应的图像效果，“创艺”AI 画师能够为图像增添更多的艺术性和审美价值，效果如图 7-2 所示。

图 7-2　生成相应的图像效果

实战 072　使用二次元 AI 画师绘制动漫人物

“二次元”AI 画师的出图效果具有独特的艺术风格和视觉冲击力，可以将人们带入一个充满想象力和创造力的二次元世界，具体操作方法如下。

步骤 01 在“AI 创作”页面中切换至“自定义”选项卡，输入相应的提示词，选择“创艺”AI 画师，并设置相应的画面尺寸和出图数量，单击“立即生成”按钮，生成相应的图像效果，画面具有写实感，如图 7-3 所示。

图 7-3　“创艺”AI 画师生成的图像效果

步骤 02 选择“二次元”AI 画师，其他参数保持不变，单击“立即生成”按钮，生成相应的图像效果，如图 7-4 所示。

图 7-4　“二次元”AI 画师生成的图像效果

步骤 03 两次生成的图像效果对比如图 7-5 所示，通过对比可以看到，即使在提示词中加入了“二次元”，“创艺”AI 画师也无法画出二次元风格的效果；而选择“二次元”AI 画师后，即可轻松画出二次元风格的效果，画面具有浓郁的动漫气息和超凡的创意想象。

图 7-5　两次生成的图像效果对比

★ 专家提醒 ★

二次元专门用来指代由动画、漫画、游戏等作品所构成的虚拟世界。“二次元”AI 画师的出图效果通常采用明亮、饱和度较高的色彩，以营造出鲜明的视觉效果。

实战 073　使用具象 AI 画师进行精细刻画

扫码看教学视频

“具象”AI 画师擅长精细刻画各种元素，注重对客观物象的还原和再现，通过细腻的笔触和丰富的色彩，将现实世界中的事物和人物形象栩栩如生地呈现在画布上，具体操作方法如下。

步骤 01 在“AI 创作”页面中切换至“自定义”选项卡，输入相应的提示词，选择“创艺”AI 画师，并设置相应的画面尺寸和出图数量，单击“立即生成”按钮，生成相应的图像效果，画面写实感很强，但细节表现不足，如图 7-6 所示。

图 7-6　“创艺”AI 画师生成的图像效果

步骤 02 选择“具象”AI 画师，其他参数保持不变，单击“立即生成”按钮，生成相应的图像效果，如图 7-7 所示。

图 7-7　“具象”AI 画师生成的图像效果

步骤 03 两次生成的图像效果对比如图 7-8 所示，通过对比可以看到，由于在提示词中加入了一些辅助词对 AI 进行引导，因此“创艺”AI 画师也能够生成不错的写实效果；而“具象”AI 画师则在其基础上，在描绘物象方面具有更高的逼真度，能够让观者仿佛身临其境，感受到真实世界的景象。

图 7-8 两次生成的图像效果对比

实战 074 基于上传的参考图生成画作

扫码看教学视频

使用文心一格的“上传参考图”功能，用户可以上传任意一张图片，通过文字描述想要修改的地方，实现类似的图片效果，具体操作方法如下。

步骤 01 在“AI 创作”页面中切换至“自定义”选项卡，输入相应的提示词，选择“创艺”AI 画师，并设置相应的画面尺寸和出图数量，单击“立即生成”按钮，生成相应的图像效果，画面具有很强的微距摄影感，如图 7-9 所示。

图 7-9 生成相应的图像效果

步骤 02 单击“上传参考图”下方的按钮，弹出“打开”对话框，选择相应的参考图，如图 7-10 所示。

图 7-10 选择相应的参考图

步骤 03 单击“打开”按钮，上传参考图，单击“立即生成”按钮，生成相应的图像效果，可以看到画面与参考图不太像，更倾向于提示词的描述，这是因为参考图的“影响比重”太低，无法很好地引导 AI，如图 7-11 所示。

图 7-11　直接上传参考图生成相应的图像效果

步骤 04 设置“影响比重”为 5，单击“立即生成”按钮，生成相应的图像效果，可以看到画面比较接近参考图了，如图 7-12 所示。

图 7-12　设置“影响比重”参数后生成相应的图像效果

步骤 05 设置“影响比重”为 8，单击“立即生成”按钮，生成相应的图像效果，可以看到画面与参考图几乎如出一辙，如图 7-13 所示。

图 7-13 增加“影响比重”参数后生成相应的图像效果

步骤 06 不同“影响比重”参数生成的图像效果对比如图 7-14 所示，通过对比可以看到，该数值越大，参考图对 AI 的影响就越大，因此用户可以根据实际需要来调整“影响比重”参数。

图 7-14

图 7-14 不同“影响比重”参数生成的图像效果对比

实战 075 设置出图尺寸和分辨率

扫码看教学视频

在文心一格的“自定义”AI 创作模式下，用户不仅可以选择更多的图片尺寸，而且还可以设置图片分辨率，具体操作方法如下。

步骤 01 在“AI 创作”页面中切换至“自定义”选项卡，输入相应的提示词，选择“二次元”AI 画师，设置“尺寸”为 4 : 3、“数量”为 1，单击“立即生成”按钮，即可生成分辨率为 1024 × 768 的图像效果，如图 7-15 所示。

图 7-15　生成分辨率为 1024×768 的图像效果

步骤 02 将“分辨率”设置为 2048 × 1536，其他参数保持不变，单击“立即生成”按钮，即可生成相应分辨率的图像效果，如图 7-16 所示。

图 7-16　生成分辨率为 2048×1536 的图像效果

步骤 03 两次生成的图像效果对比如图 7-17 所示，通过对比可以看到，在同样的尺寸下，分辨率越大的图像越清晰，对细节的处理也更好一些。

图 7-17 两次生成的图像效果对比

★ 专家提醒 ★

注意，生成高清分辨率的图像时需要消耗更多的“电量”，默认分辨率每次消耗2点“电量”，如果高清分辨率，则每次消耗6点“电量”。

实战 076 设置自定义的画面风格

扫码看教学视频

在文心一格的“自定义”AI 创作模式下，除了可以选择“AI 画师”，用户还可以输入自定义的画面风格提示词，从而生成各种风格的画作，具体操作方法如下。

步骤 01 在“AI 创作”页面中切换至“自定义”选项卡，输入相应的提示词，选择“二次元”AI 画师，设置“尺寸”为 9 : 16、“数量”为 1，单击“立即生成”按钮，生成二次元风格的竖图效果，如图 7-18 所示。

图 7-18 生成二次元风格的竖图效果

步骤 02 单击“画面风格”下方的输入框，在弹出的面板中选择“CG 原画”标签，如图 7-19 所示，即可将该提示词添加到输入框中。

步骤 03 使用同样的操作方法，添加一个“Q 版古风”提示词，如图 7-20 所示。

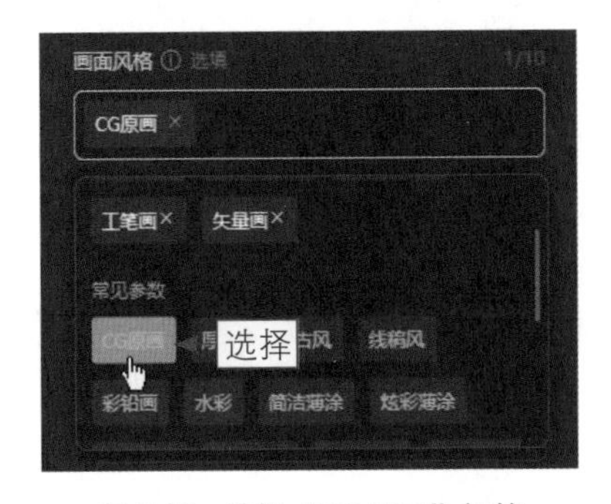

图 7-19 选择“CG 原画”标签

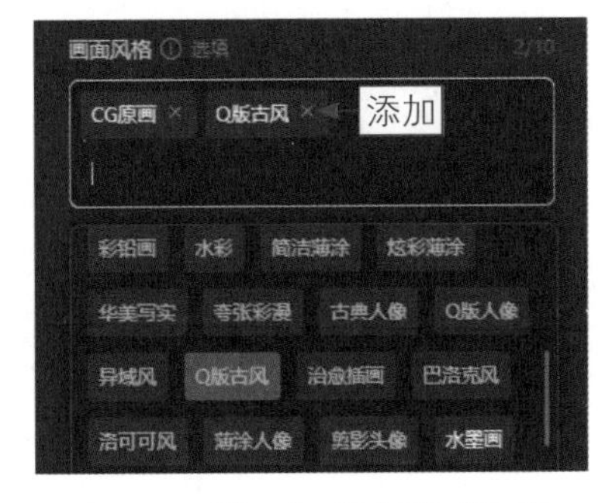

图 7-20 添加“Q 版古风”提示词

步骤 04 单击“立即生成”按钮，即可生成“CG 原画”和“Q 版古风”画面风格的二次元图像，两次生成的图像效果对比如图 7-21 所示。

图 7-21　两次生成的图像效果对比

★ 专家提醒 ★

“CG（Computer Graphics，计算机图形学）原画”是一种接近传统绘画的画风，其画面效果和绘画手法类似于传统的绘画作品。这种画风发展出了多种风格，包括欧美写实风格、粗线条卡通风格、唯美日漫风格和具有古典韵味的中国风。在游戏原画设计中，“CG 原画”的风格通常较为独特，具有鲜明的个人风格。

“Q 版古风”的绘画风格通常较为简单，线条简洁明了，色彩比较单一。这种简化的画面风格有助于突出人物形象，使观者更容易理解故事情节。“Q 版古风”画面风格绘制的人物形象通常比较夸张，头身比例、面部特征、身体语言等都得到了夸张处理，以突出人物的特点或者情感。

实战 077 用修饰词提升画面质量

扫码看教学视频

使用修饰词可以提升文心一格的出图质量，而且修饰词还可以叠加使用，具体操作方法如下。

步骤 01 在“AI 创作”页面中切换至“自定义”选项卡，输入相应的提示词，选择“创艺”AI 画师，如图 7-22 所示。

步骤 02 在下方继续设置“尺寸”为 3∶2、“数量”为 1、“画面风格”为“产品摄影”，如图 7-23 所示。

图 7-22 选择“创艺”AI 画师

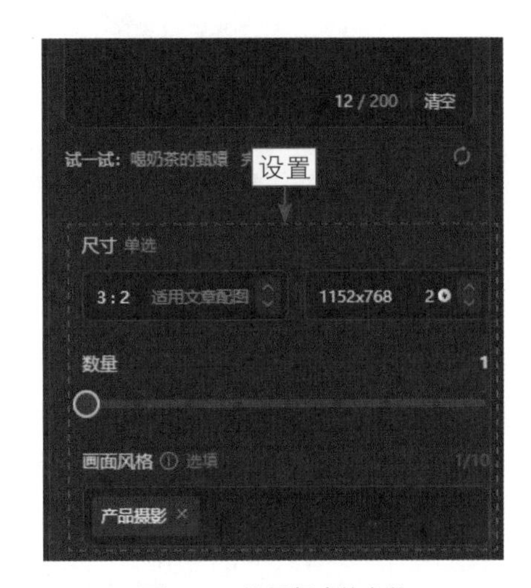

图 7-23 设置相应的参数

步骤 03 单击“修饰词”下方的输入框，在弹出的面板中选择“摄影风格”标签，如图 7-24 所示，即可将该修饰词添加到输入框中。

步骤 04 使用同样的操作方法，添加一个“写实”修饰词，如图 7-25 所示。

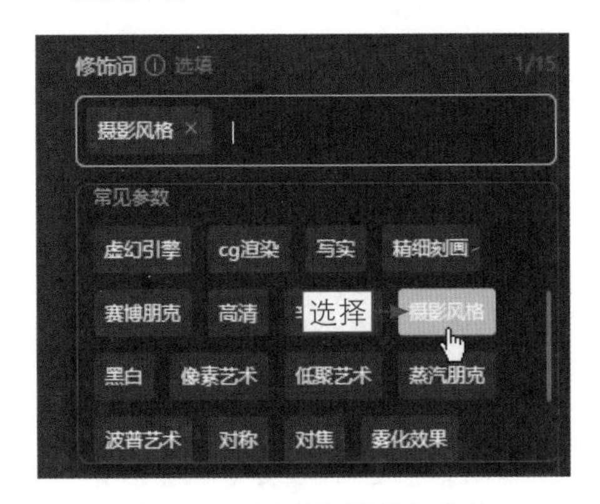

图 7-24 选择“摄影风格”标签

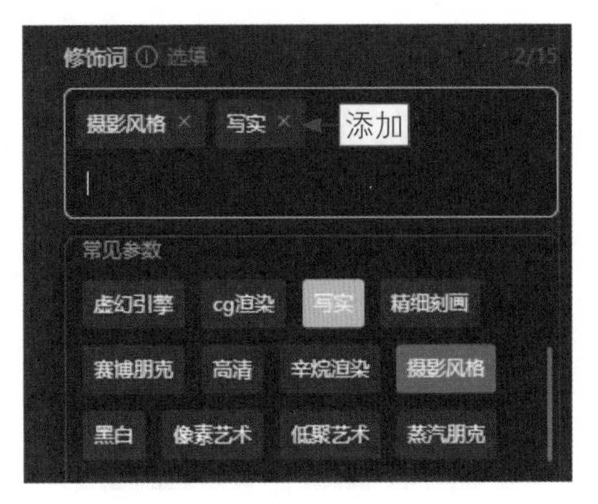

图 7-25 添加“写实”修饰词

步骤05 单击“立即生成”按钮，即可生成品质更高且具有摄影感的产品图片，效果如图 7-26 所示。

图 7-26　生成相应的产品图片效果

实战 078　添加合适的艺术家效果

扫码看教学视频

在文心一格的“自定义”AI 创作模式下，用户可以添加合适的艺术家效果提示词，来模拟特定的艺术家绘画风格生成相应的图像效果，具体操作方法如下。

步骤01 在“AI 创作”页面中切换至“自定义”选项卡，输入相应的提示词，如图 7-27 所示，选择“创艺”AI 画师。

步骤02 在下方继续设置“尺寸”为 16∶9、“数量”为 1，如图 7-28 所示，指定生成图像的尺寸和出图数量。

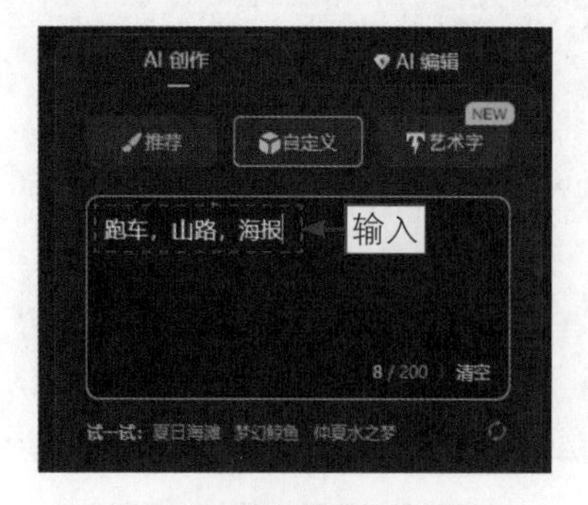

图 7-27　输入相应的提示词

图 7-28　设置相应的参数

步骤03 单击“修饰词”下方的输入框，在弹出的面板中分别选择“摄影风格”“写实”“高清”标签，即可将这些修饰词添加到输入框中，如图 7-29 所示，可以让画面更加真实。

步骤04 在“艺术家”下方的输入框中输入相应的艺术家名称，如图 7-30 所示。

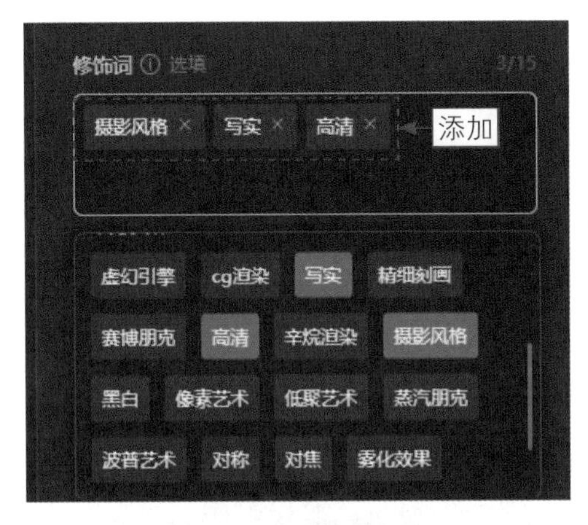

图 7-29　添加相应的修饰词

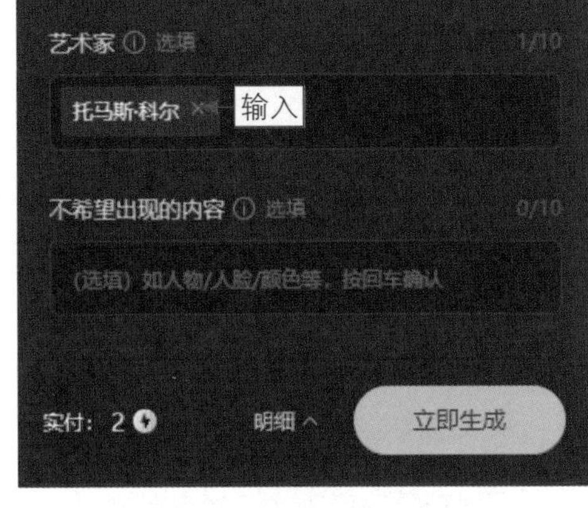

图 7-30　输入相应的艺术家名称

步骤05 单击“立即生成”按钮，即可生成相应艺术家风格的汽车海报图片，效果如图 7-31 所示。

图 7-31　生成相应艺术家风格的汽车海报图片

实战 079　设置不希望出现的内容

扫码看教学视频

在文心一格的“自定义”AI 创作模式下，用户可以设置“不希望出现的内容”选项，从而在一定程度上减少该内容出现的概率，具体操作方法如下。

步骤 01 在“AI 创作”页面中切换至“自定义”选项卡，输入相应的提示词，如图 7-32 所示，选择“创艺”AI 画师。

步骤 02 在下方继续设置“尺寸”为 3∶2、“数量”为 1、“画面风格”为“工笔画”，如图 7-33 所示，指定生成图像的尺寸和画面风格。

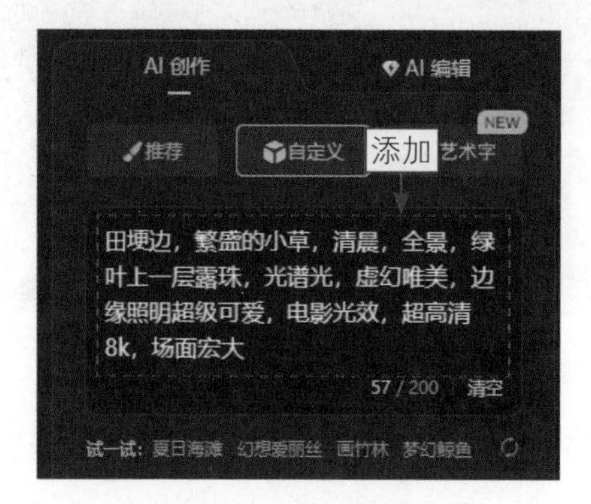

图 7-32　输入相应的提示词

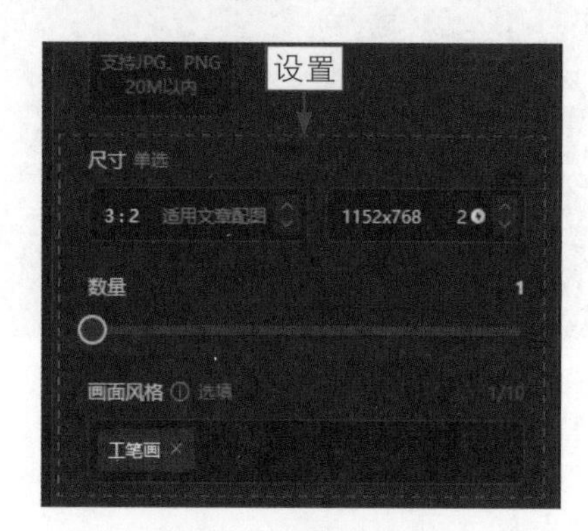

图 7-33　设置相应的参数

步骤 03 单击“修饰词”下方的输入框，在弹出的面板中选择“微距”“精致”标签，即可将这些修饰词添加到输入框中，如图 7-34 所示，可以让生成的图像形成微距摄影的效果，并且画面细节更加精致。

步骤 04 在“不希望出现的内容”下方的输入框中输入“人物”，如图 7-35 所示，表示降低人物在画面中出现的概率。

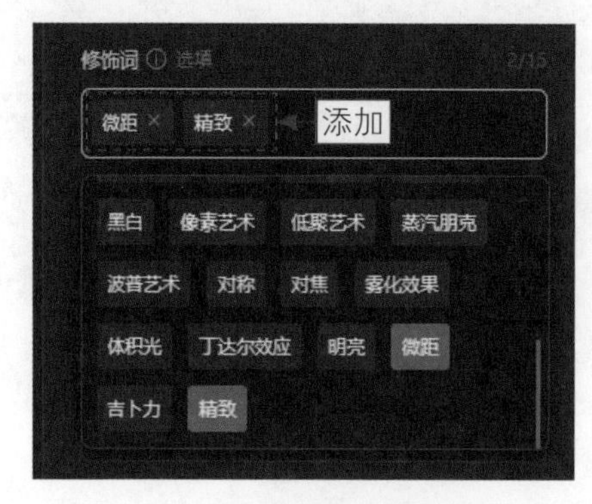

图 7-34　添加相应的修饰词

图 7-35　输入“人物”

步骤 05 单击“立即生成”按钮，即可生成微距摄影的图像效果，如图 7-36 所示。

图 7-36　生成微距摄影的图像效果

实战 080　绘制古建筑黑白素描画

扫码看教学视频

在文心一格的“自定义”AI 创作模式下，用户可以将“画面风格”设置为“素描画”，从而创作出多种多样的素描作品，具体操作方法如下。

步骤 01 在“AI 创作”页面中切换至“自定义”选项卡，输入相应的提示词，如图 7-37 所示，选择“创艺”AI 画师。

步骤 02 在下方继续设置“尺寸”为 4∶3、“数量”为 2，如图 7-38 所示，指定生成图像的尺寸和出图数量。

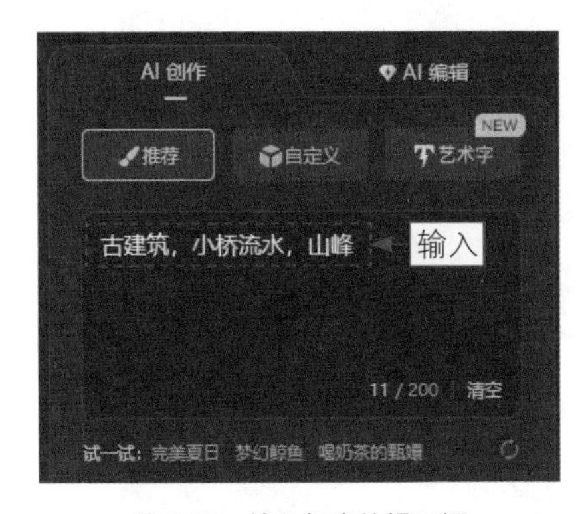

图 7-37　输入相应的提示词

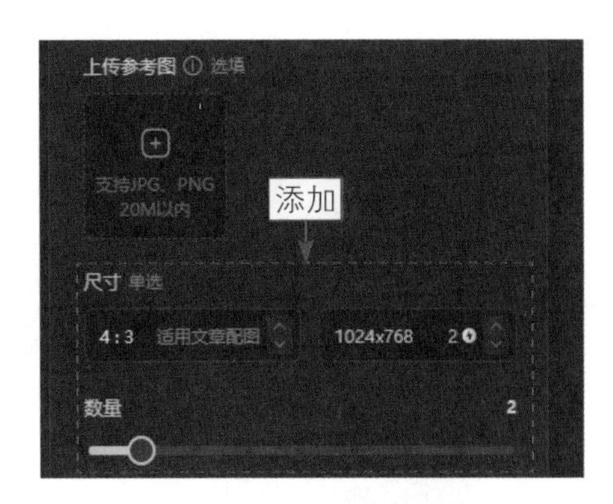

图 7-38　设置相应的参数

步骤 03 单击“画面风格”下方的输入框，在弹出的面板中选择“素描画”标签，即可将该提示词添加到输入框中，如图 7-39 所示，用于指定生成图像的绘画风格。

步骤 04 单击“修饰词”下方的输入框，在弹出的面板中选择“黑白”标签，即可将该修饰词添加到输入框中，如图 7-40 所示，可以让生成的图像变成黑白色调，表现出简约、干净、优雅的绘画风格。

图 7-39 添加画面风格提示词

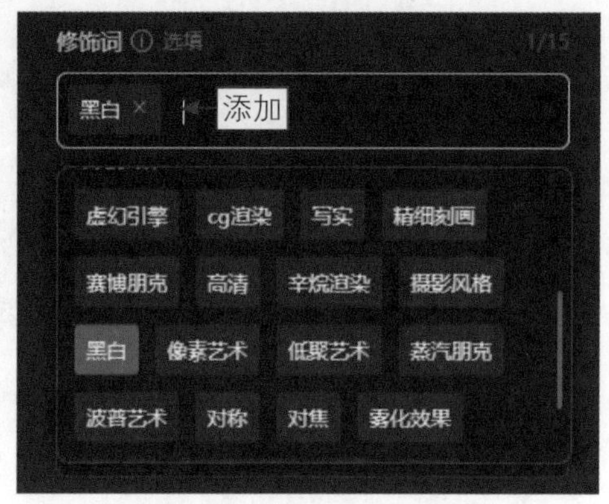

图 7-40 添加相应的修饰词

步骤 05 单击“立即生成”按钮，即可生成两张素描画，以单色线条来表现直观世界中的事物。由于其色调单一，没有其他色彩的辅助，因此更加注重以形写神，追求形似，效果如图 7-41 所示。

图 7-41　生成两张黑白素描画效果

实战 081　绘制古典花鸟工笔画

扫码看教学视频

在文心一格的“自定义”AI 创作模式下，用户可以将“画面风格”设置为“工笔画”，使作品在视觉上更具冲击力和艺术感染力，具体操作方法如下。

步骤 01 在“AI 创作”页面中切换至“自定义”选项卡，输入相应的提示词，如图 7-42 所示，选择“创艺”AI 画师。

步骤 02 在下方继续设置“尺寸”为 1∶1、“数量”为 1，如图 7-43 所示，指定生成图像的尺寸和出图数量。

图 7-42　输入相应的提示词

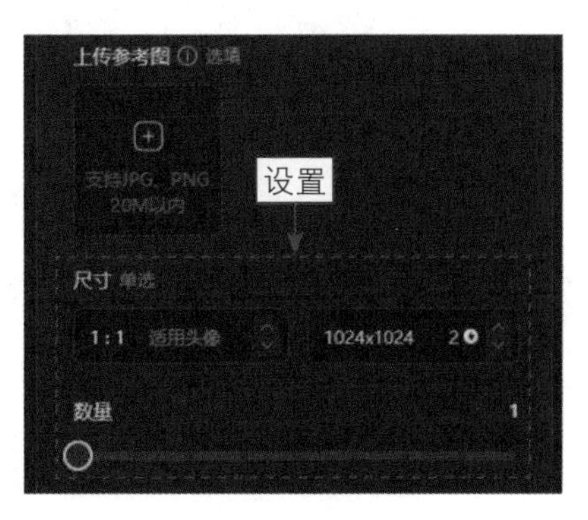

图 7-43　设置相应的参数

步骤03 单击“画面风格”下方的输入框，在弹出的面板中选择“工笔画”标签，即可将该提示词添加到输入框中，如图7-44所示，用于指定生成图像的绘画风格。

步骤04 在“艺术家”下方的输入框中输入相应的艺术家名字，如“黄筌”，如图7-45所示。黄筌是中国五代时期的一位画家，擅长花鸟画。

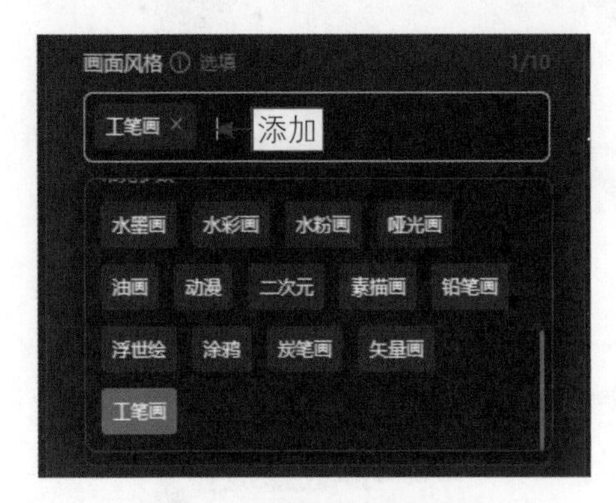

图7-44 添加画面风格提示词

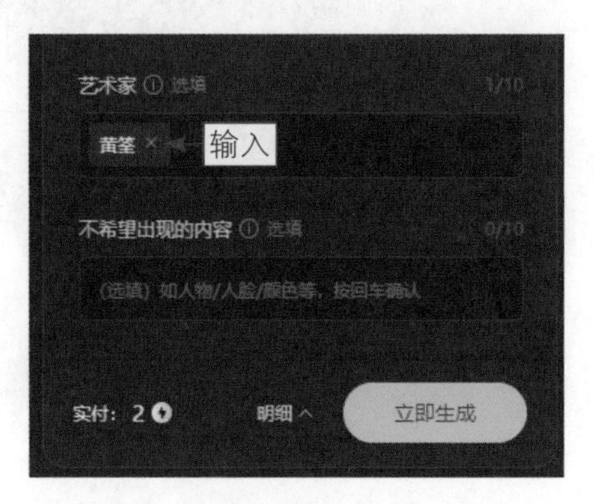

图7-45 输入相应的艺术家名字

步骤05 单击“立即生成”按钮，即可生成花鸟工笔画，给人以栩栩如生、精致动人的视觉效果，如图7-46所示。

图7-46 生成花鸟工笔画效果

实战 082 绘制莫奈风格的油画

在文心一格的“自定义”AI 创作模式下，用户可以将“画面风格”设置为“油画”，能够逼真地表现出物体的质感和光影效果，具体操作方法如下。

步骤 01 在“AI 创作”页面中切换至“自定义”选项卡，输入相应的提示词，如图 7-47 所示，选择“创艺”AI 画师。

步骤 02 在下方继续设置“尺寸”为 4 : 3、“数量”为 2，如图 7-48 所示，指定生成图像的尺寸和出图数量。

图 7-47 输入相应的提示词

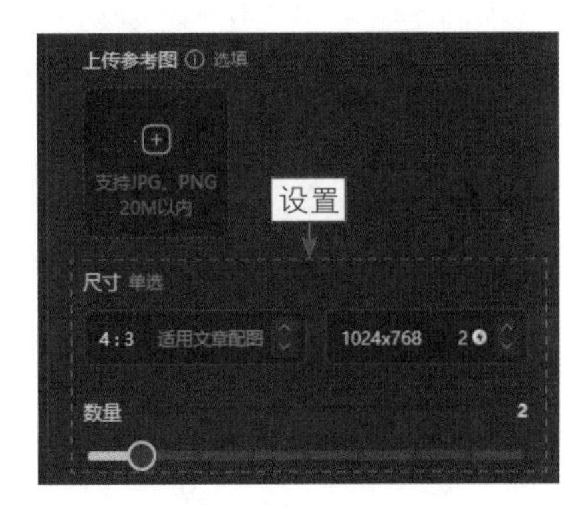

图 7-48 设置相应的参数

步骤 03 单击“画面风格”下方的输入框，在弹出的面板中选择“油画”标签，即可将该提示词添加到输入框中，如图 7-49 所示，用于指定生成图像的绘画风格。

步骤 04 在“艺术家”下方的输入框中输入相应的艺术家名字，如“莫奈”，如图 7-50 所示。莫奈（Oscar-Claude Monet，奥斯卡 - 克劳德 • 莫奈）是法国印象派大师，他的作品充满了光与色的诗意，创造出一个个令人陶醉的色彩世界。

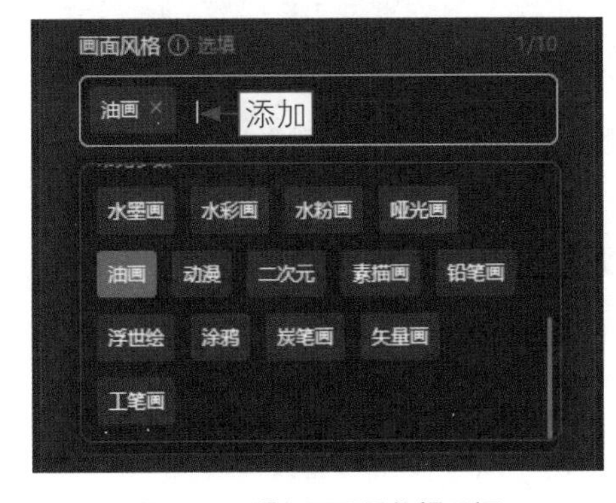

图 7-49 添加画面风格提示词

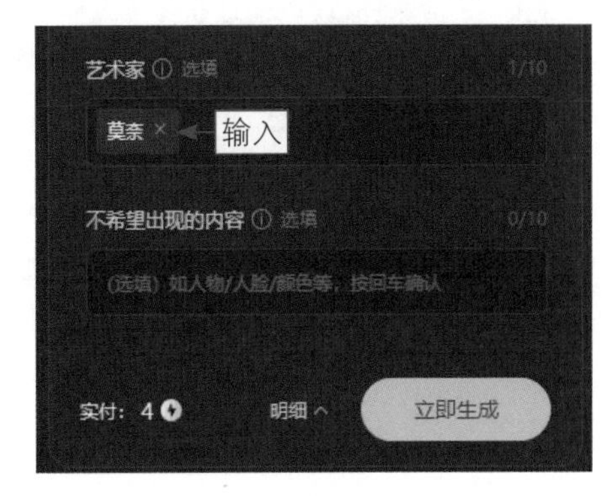

图 7-50 输入相应的艺术家名字

步骤 05 单击“立即生成”按钮，即可生成两张油画，画面具有丰富的色彩表现力和明亮的光泽度，让每一幅作品都成为光与色的诗篇，效果如图 7-51 所示。

图 7-51 生成两张油画效果

★ 专家提醒 ★

注意，在文心一格中输入提示词时，提示词中间尽量用空格或逗号隔开。

第 8 章

9 大 AI 探索功能，文字、编辑与模型训练

文心一格是一种依托百度飞桨和文心大模型的 AI 绘画工具，为用户提供了艺术创作的无限可能，只需输入文字描述，就能快速生成各种风格的精美画作。除了基本的 AI 创作功能，文心一格还具有艺术字、AI 编辑、实验室等功能，可以帮助用户更深入地探索并掌握 AI 绘画技术。

实战 083　生成中文艺术字

在“AI 创作”页面中，切换至“艺术字”选项卡，可以生成中文或字母形式的艺术字。下面介绍生成中文艺术字的操作方法。

步骤 01 在“AI 创作”页面中，切换至“艺术字”|“中文”选项卡，输入相应的中文文字（支持 1 ～ 5 个汉字），如图 8-1 所示。

步骤 02 在下方输入相应的字体创意提示词，并设置“影响比重”为 6，如图 8-2 所示，可以影响字体的填充和背景效果。

图 8-1　输入相应的中文文字

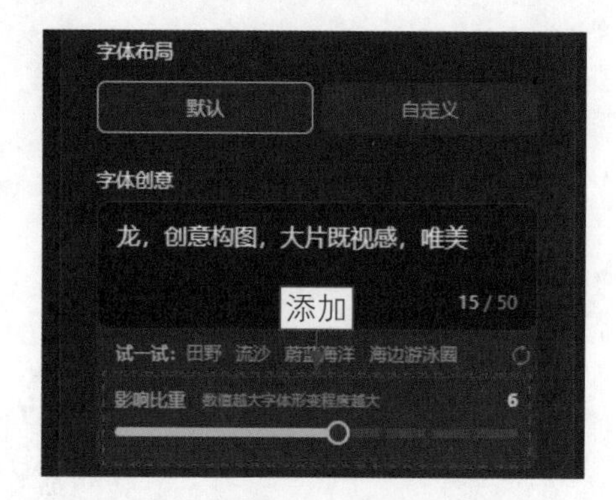

图 8-2　设置“影响比重”参数

步骤 03 设置“比例”为“横图”、“数量”为 1，单击“立即生成”按钮，即可生成一张艺术字横图，效果如图 8-3 所示。

图 8-3　生成艺术字横图效果

步骤 04 适当修改字体创意提示词，并设置“影响比重”为 8，增加字体创意对 AI 的引导作用，如图 8-4 所示。

步骤 05 在“字体布局”选项区中，切换至“自定义”选项卡，设置“字体大小”为“中”，适当调小文字效果，如图 8-5 所示。

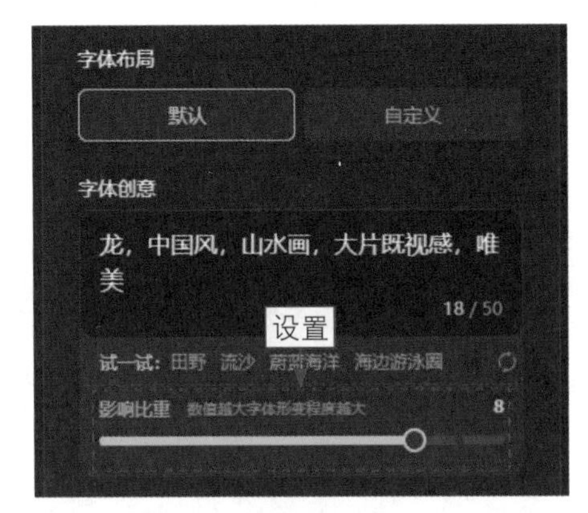

图 8-4　设置“影响比重”参数

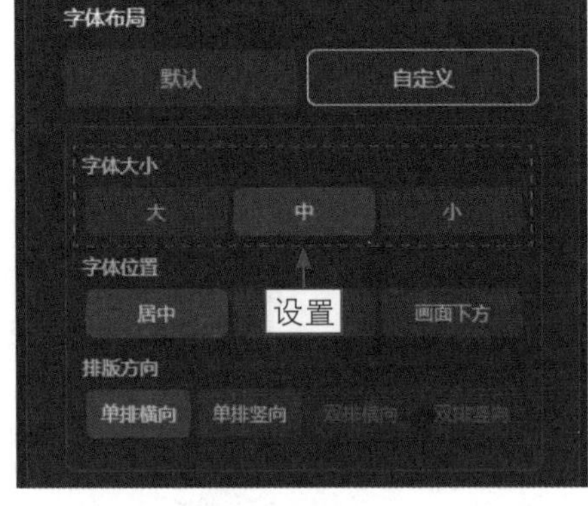

图 8-5　设置“字体大小”参数

步骤 06 其他参数保持不变，单击“立即生成”按钮，再次生成一张艺术字横图，画面具有中国风和山水画特征的视觉效果，如图 8-6 所示。

图 8-6　再次生成艺术字横图效果

实战 084　生成字母艺术字

扫码看教学视频

字母艺术字具有美观有趣、易认易识、醒目张扬等特性，是一种有图案意味或装饰意味的字体变形效果。下面介绍生成字母艺术字的操作方法。

步骤 01 在“AI 创作”页面中切换至“艺术字”|“字母”选项卡，输入相应的英文字母（仅支持输入 1 个字母），如图 8-7 所示。

步骤 02 在下方输入相应的字体创意提示词，并设置“影响比重”为 9，如图 8-8 所示，可以影响字体的填充和背景效果。

图 8-7　输入相应的英文字母

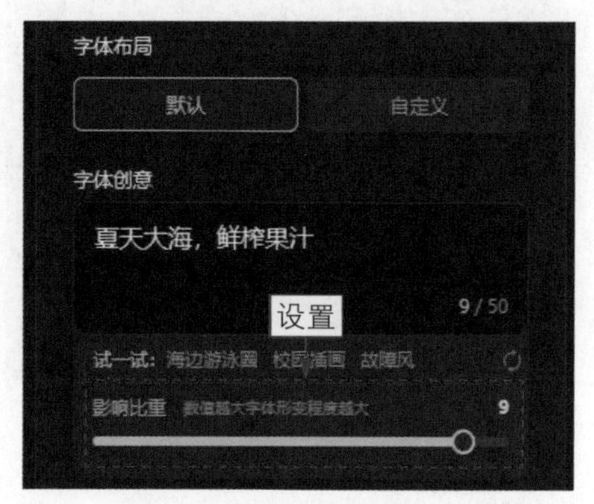

图 8-8　设置“影响比重”参数

步骤 03 在“字体布局”选项区中，切换至“自定义”选项卡，设置“字体大小”为“中”，适当调小文字效果，如图 8-9 所示。

步骤 04 设置“比例”为“方图”、“数量”为 2，设置画面的比例和出图数量，单击“立即生成”按钮，如图 8-10 所示。

图 8-9　设置“字体大小”参数

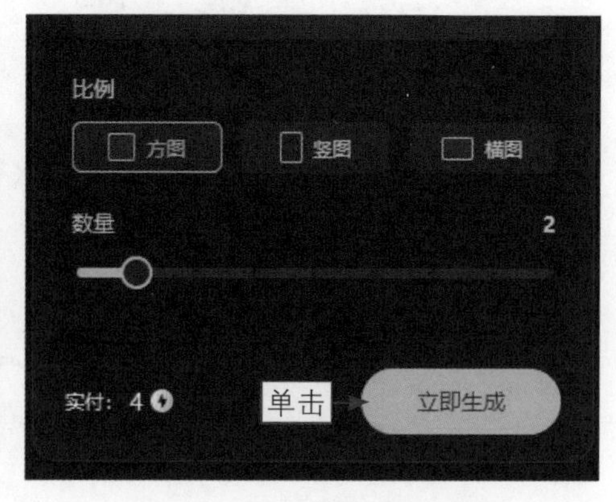

图 8-10　单击“立即生成”按钮

★ 专家提醒 ★

文心一格能从文字的义、形和结构特征出发，对字体的笔画和结构进行合理的变形处理，生成美观形象的艺术字效果。

步骤 05 执行操作后，即可生成两张字母艺术字图片，采用水果和海水填充字母，并通过有趣的色彩搭配来增强艺术感，效果如图 8-11 所示。

图 8-11　生成两张字母艺术字图片

实战 085　涂抹消除修复图片的瑕疵

扫码看教学视频

在文心一格的“AI 编辑”页面中，使用“涂抹消除”功能可以对图像中不满意的地方进行涂抹，AI 将对涂抹区域进行消除重绘处理，修复图像的瑕疵，具体操作方法如下。

步骤 01 进入“AI 编辑”页面，单击“涂抹消除”按钮，如图 8-12 所示。

步骤 02 在“AI 编辑”页面中间的绘图窗口中，单击“选择图片”按钮，如图 8-13 所示。

图 8-12　单击“涂抹消除”按钮

图 8-13　单击“选择图片”按钮

步骤 03 执行操作后，弹出“我的作品”对话框，选择“上传本地照片”标签，如图 8-14 所示。

步骤 04 执行操作后，切换至“上传本地照片”选项卡，单击“选择文件”按钮，如图 8-15 所示。

图 8-14　选择“上传本地照片”标签

图 8-15　单击“选择文件”按钮

步骤 05 执行操作后，弹出“打开”对话框，选择相应的素材图像，如图 8-16 所示，单击“打开”按钮。

步骤 06 执行操作后，即可上传素材图像，单击“确定”按钮，如图 8-17 所示。

图 8-16　选择相应的素材图像

图 8-17　单击“确定”按钮

★ 专家提醒 ★

如果用户涂抹了多余的地方，可以在图像下方的工具栏中单击橡皮擦按钮，擦除多余的涂抹区域。

步骤 07 执行操作后，即可将素材图像添加到绘图窗口中，在相应的区域进行涂抹，如图 8-18 所示。

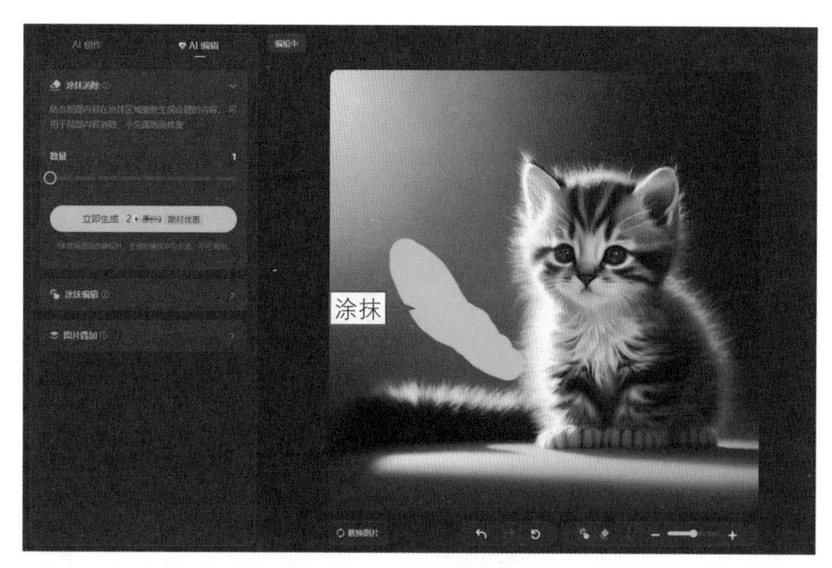

图 8-18　涂抹相应的区域

步骤 08 单击“立即生成”按钮，即可消除涂抹区域中的图像瑕疵，素材与效果对比如图 8-19 所示。

图 8-19　素材与效果对比

实战 086　局部涂抹编辑并重绘图像

扫码看教学视频

在“AI 编辑”页面中，使用“涂抹编辑”功能对图片中希望修改的区域进行涂抹，AI 将对涂抹区域按照提示词的描述自动重新绘制图像，用于修复图像瑕疵或修改图像内容，具体操作方法如下。

步骤 01 进入“AI 编辑”页面，展开“涂抹编辑”选项区，单击“选择图片”按钮，如图 8-20 所示。

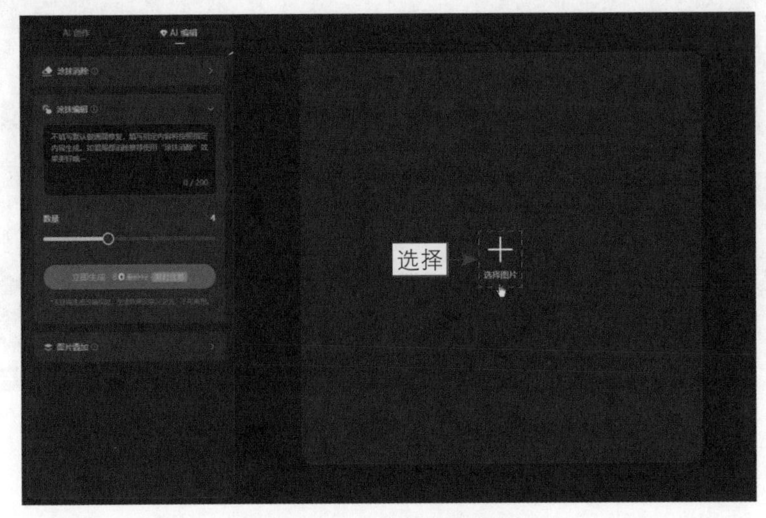

图 8-20 单击“选择图片”按钮

步骤 02 执行操作后，弹出“我的作品”对话框，在其中选择相应的素材图像，如图 8-21 所示。

图 8-21 选择相应的素材图像

步骤 03 单击“确定”按钮，即可在绘图窗口中添加相应的素材图像，拖曳图像下方的绿色圆形滑块，将画笔大小设置为 30，如图 8-22 所示。

图 8-22　设置画笔大小参数

步骤 04 在人物的头发处涂抹，输入相应的提示词，并设置“数量”为 1，单击“立即生成”按钮，如图 8-23 所示。

图 8-23　单击“立即生成”按钮

★ 专家提醒 ★

在“AI 编辑”页面下方的工具栏中，单击“替换图片”按钮，可以重新选择素材图像；单击按钮，可以撤销上一步的涂抹操作；单击按钮，可以重新加载被撤销的涂抹操作。

步骤 05 执行操作后，即可在涂抹区域中生成一个蝴蝶结图像，素材与效果对比如图 8-24 所示。

图 8-24 素材与效果对比

★ 专家提醒 ★

文心一格的“涂抹编辑”功能的作用类似于 Photoshop（Beta）版的创成式填充功能，是一种利用人工智能技术，根据图像和提示词信息，自动生成填充内容的功能，能够为图像设计和后期处理领域带来更多新的可能性。

实战 087 图片叠加融合生成新图像

扫码看教学视频

文心一格的“图片叠加”功能是指将两张图片叠加在一起，生成一张新的图片，新的图片将同时具备两张图片的特征，具体操作方法如下。

步骤 01 进入“AI 创作”页面，输入相应的提示词，设置“画面类型”为“智能推荐”，“比例”为“方图”，“数量”为 1，单击“立即生成”按钮，生成一张小狗图片，效果如图 8-25 所示。

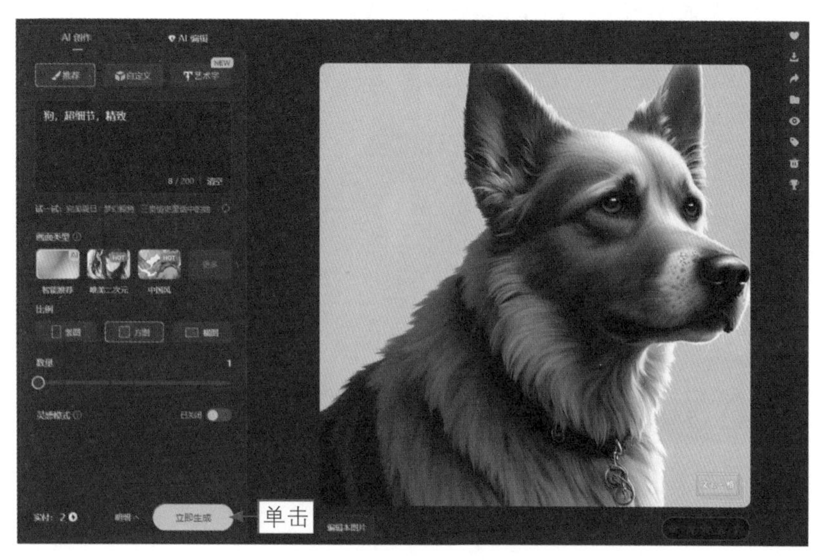

图 8-25 生成一张小狗图片效果

步骤 02 在“AI 创作”页面中，修改相应的提示词，其他参数保持不变，单击“立即生成”按钮，生成一张机器人图片，效果如图 8-26 所示。

图 8-26 生成一张机器人图片效果

步骤 03 进入“AI 编辑”页面，用户可以单击“创建新任务”按钮新建 AI 编辑任务，也可以直接单击图像下方的“编辑本图片”按钮，如图 8-27 所示。

图 8-27　单击“编辑本图片”按钮

步骤 04 执行操作后，激活“AI 编辑”功能，展开“图片叠加”选项区，在“叠加图”选项区中单击“选择图片”按钮，如图 8-28 所示。

图 8-28　单击“选择图片”按钮

步骤 05 执行操作后，弹出“我的作品”对话框，选择之前生成的小狗图片，如图 8-29 所示。

图 8-29　选择之前生成的小狗图片

步骤 06 单击“确定”按钮，即可在“叠加图”选项区中添加相应的图片，适当调整两张图片对结果的影响程度，并输入相应的提示词（用户希望生成的图像内容），如图 8-30 所示。

图 8-30　输入相应的提示词

步骤 07 设置“数量”为 2，单击“立即生成”按钮，即可叠加两张图片，生成新的“机械狗”图片，画面效果更像机器人一些，如图 8-31 所示。

图 8-31　生成的“机械狗”图片

步骤 08 如果用户对生成的画面效果不满意，也可以继续调整两张图片对结果的影响程度（基础图为 45%、叠加图为 55%），再次合成图像，这样画面效果更像狗一些，如图 8-32 所示。

图 8-32　调整影响程度后生成的图片效果

实战 088　识别人物动作生成画作

扫码看教学视频

使用文心一格“实验室”页面中的“人物动作识别再创作”功能，可以识别图像中的人物动作，再结合输入的提示词生成与动作相近的画作。该功能可以精准地控制人物动作，实现动画分镜效果，具体操作方法如下。

步骤 01 进入文心一格的“实验室”页面，单击“人物动作识别再创作”按钮，如图 8-33 所示。

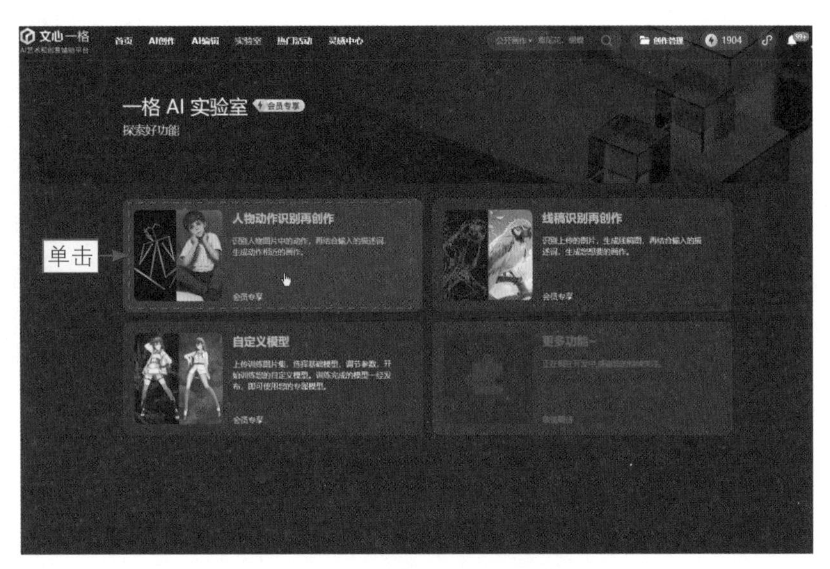

图 8-33　单击“人物动作识别再创作”按钮

步骤 02 执行操作后，进入“人物动作识别再创作”页面，单击“将文件拖到此处，或点击上传”按钮，如图 8-34 所示。

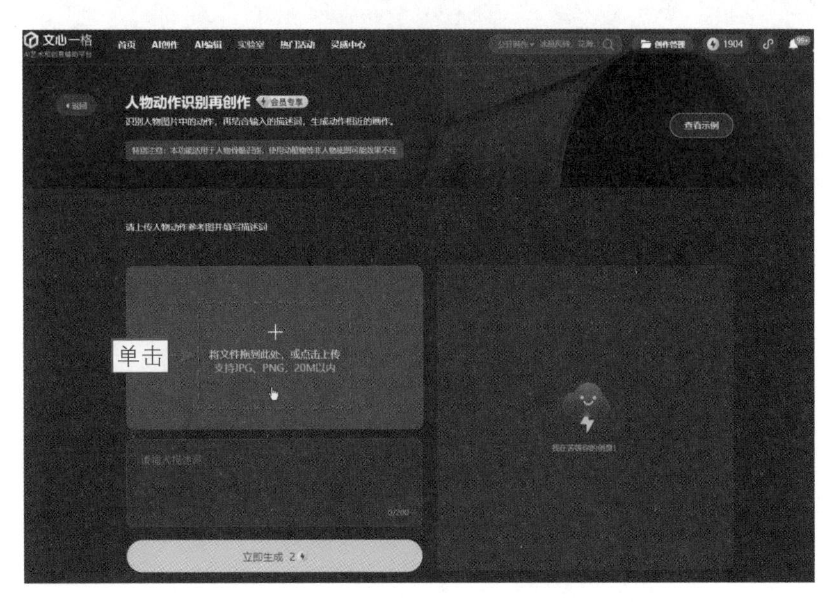

图 8-34　单击“将文件拖到此处，或点击上传”按钮

步骤 03 执行操作后，弹出“打开”对话框，选择相应的参考图，如图 8-35 所示。

步骤 04 单击“打开”按钮，即可上传人物动作参考图，如图 8-36 所示。

图 8-35　选择相应的参考图

图 8-36　上传人物动作参考图

步骤 05 输入相应的提示词，单击“立即生成”按钮，即可生成对应的骨骼图和效果图，如图 8-37 所示。

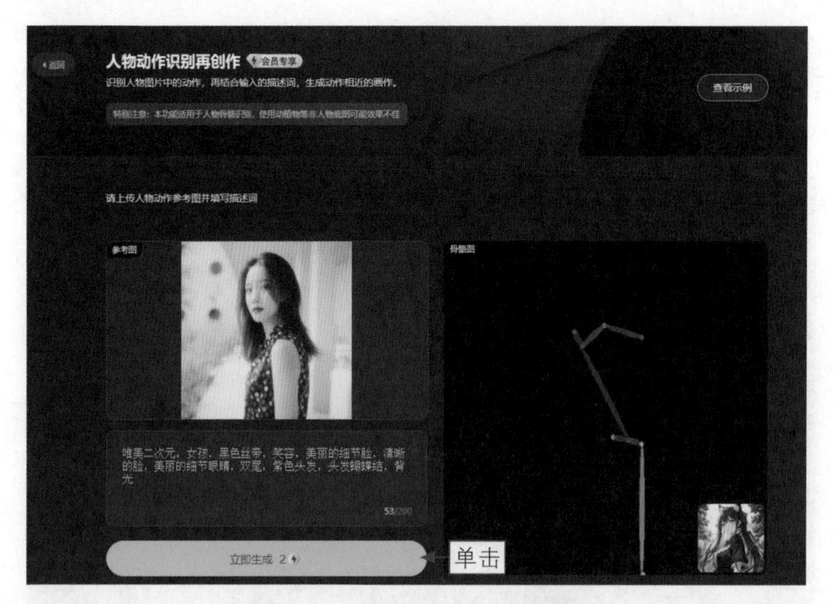

图 8-37　生成对应的骨骼图和效果图

步骤 06 通过“人物动作识别再创作”功能可以更准确地控制人物的动作，从而让生成的图像可以保持参考图中的人物姿势，再通过提示词来生成新的画面效果，参考图与效果图对比如图 8-38 所示。

图 8-38 参考图与效果图对比

实战 089 识别线稿生成画作

扫码看教学视频

“线稿识别再创作”功能可以识别用户上传的本地图片，并生成线稿图，然后再结合用户输入的提示词来生成相应的画作，具体操作方法如下。

步骤 01 进入文心一格的“实验室”页面，单击“线稿识别再创作”按钮，如图 8-39 所示。

图 8-39 单击“线稿识别再创作”按钮

步骤 02 执行操作后，进入“线稿识别再创作”页面，单击“将文件拖到此处，或点击上传”按钮，如图 8-40 所示。

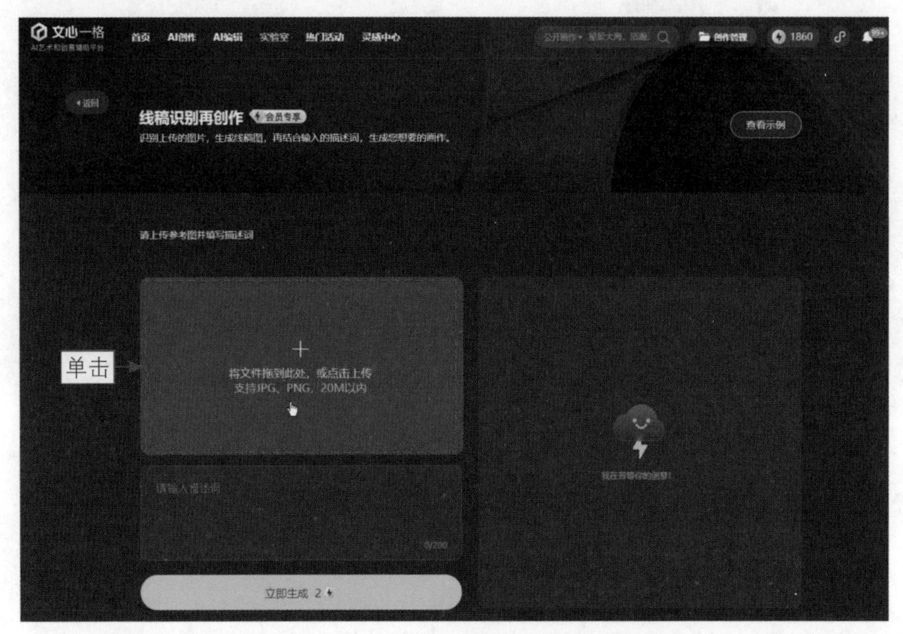

图 8-40　单击“将文件拖到此处，或点击上传”按钮

步骤 03 执行操作后，弹出“打开”对话框，选择相应的参考图，如图 8-41 所示。

步骤 04 单击“打开”按钮，即可上传参考图，如图 8-42 所示。

图 8-41　选择相应的参考图

图 8-42　上传参考图

步骤 05 输入相应的提示词，单击“立即生成”按钮，即可生成对应的线稿图和效果图，如图 8-43 所示。

图 8-43　生成对应的线稿图和效果图

步骤 06 通过“线稿识别再创作”功能可以让 AI 在线稿图的基础上再次创作，生成全新的画作，参考图与效果图对比如图 8-44 所示，可以看出参考图为扁平风格的插画，效果图则为写实风格的照片，且两张图的画面内容和构图方式完全一样。

图 8-44　参考图与效果图对比

实战 090　使用文心一格的示例模型

扫码看教学视频

文心一格为用户预制了多款示例模型，用户也可以定制并发布自己的专属模型。下面介绍使用文心一格的示例模型的操作方法。

步骤 01 进入文心一格的“实验室”页面，单击下方的“自定义模型”按钮，如图 8-45 所示。

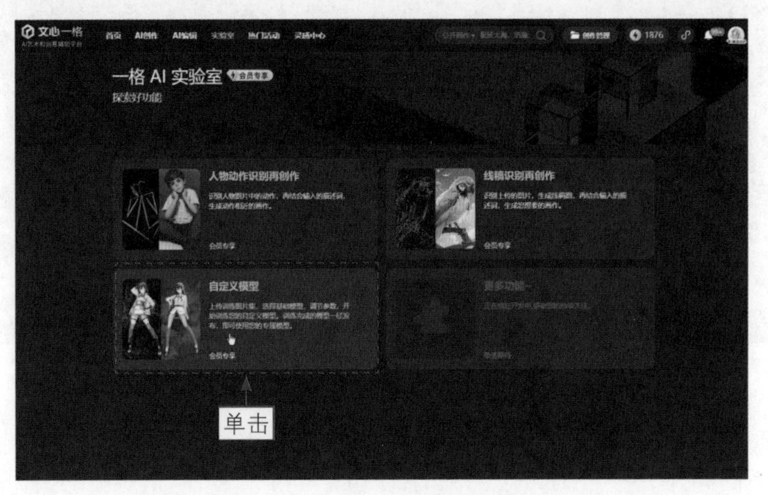

图 8-45　单击“自定义模型”按钮

步骤 02 执行操作后，进入“自定义模型”页面，“示例模型”功能默认为开启状态，选择相应的示例模型，单击右侧的“验证预览”按钮，如图 8-46 所示。

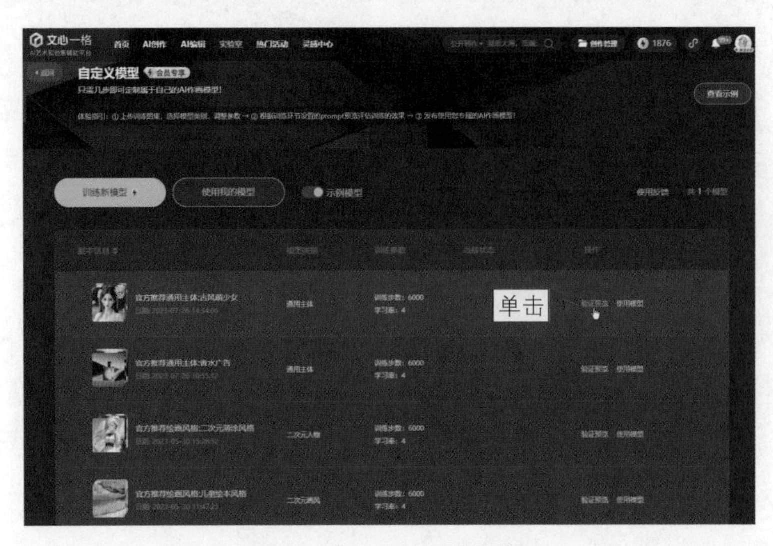

图 8-46　单击“验证预览”按钮

步骤03 执行操作后，进入“验证预览”页面，可以预览该模型的验证图，如图 8-47 所示。

图 8-47　预览该模型的验证图

步骤04 返回上一个页面，在模型列表中单击该模型右侧的“使用模型”按钮，进入“使用模型”页面，并自动加载所选的自定义模型，输入相应的正向提示词和反向提示词（即不希望出现的内容），如图 8-48 所示。

步骤05 在下方继续设置“验证图尺寸”为“方图”、“与训练图像内容的贴合度”为 7、“数量”为 1，尽可能地让出图效果贴合训练图像内容，如图 8-49 所示。

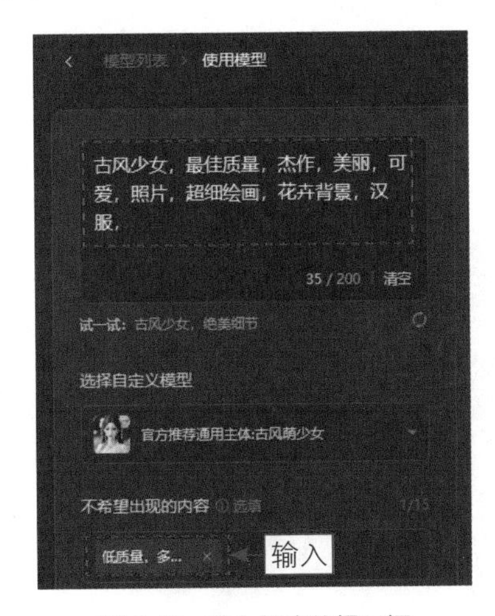

图 8-48　输入相应的提示词

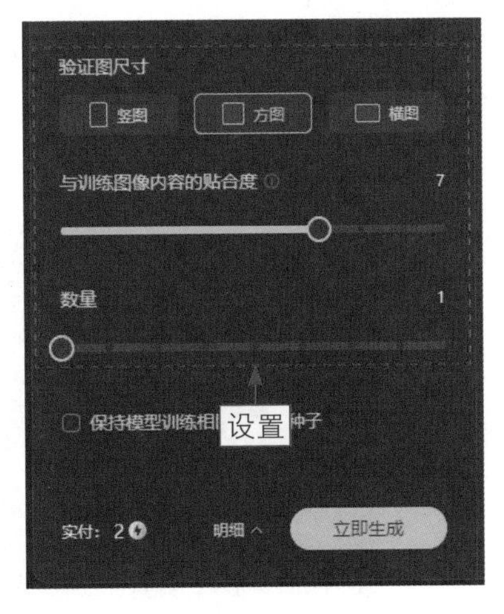

图 8-49　设置相应的参数

步骤 06 单击“立即生成”按钮，生成相应的图像效果，整体风格与该模型的训练图像内容相似，如图 8-50 所示。

步骤 07 选择“保持模型训练相同的随机种子”复选框，固定图像的随机种子，单击“立即生成”按钮，再次生成相应的图像效果，可以让人物的效果与训练图像内容做到基本一致，如图 8-51 所示。

图 8-50　生成相应的图像效果

图 8-51　再次生成相应的图像效果

实战 091　训练新的自定义模型

扫码看教学视频

文心一格支持自定义模型训练功能，用户可以根据自己的需求，训练出专属的自定义模型，实现更加个性化、高效的 AI 创作方式。下面介绍训练新的自定义模型的操作方法。

步骤 01 进入“自定义模型”页面，单击“训练新模型”按钮，如图 8-52 所示。

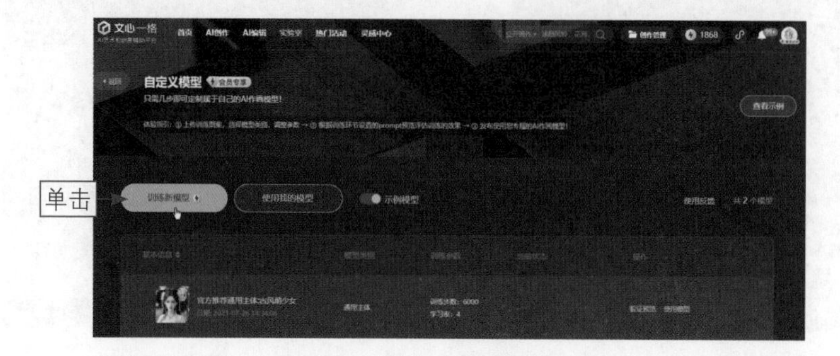

图 8-52　单击“训练新模型”按钮

步骤 02 执行操作后，进入“训练新模型”页面，修改新模型的名称，在“模型训练图集”选项区中上传多张图片，如图 8-53 所示。注意，上传的二次元人物需要确保为同一个人，且画质清晰，最少需要上传 5 张图片。

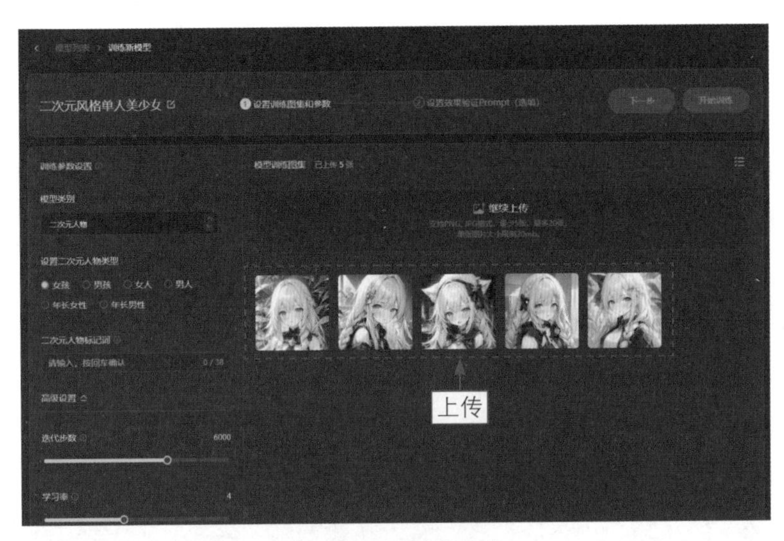

图 8-53　上传多张图片

步骤 03 在“训练参数设置”选项区中，设置“模型类别”为“二次元人物”、“设置二次元人物类型”为“女孩”，在“二次元人物标记词”文本框中输入“1 女孩”，可以为二次元人物取名做标记，方便后续在 Prompt 中带入标记词（如“1 女孩在海边”），如图 8-54 所示。

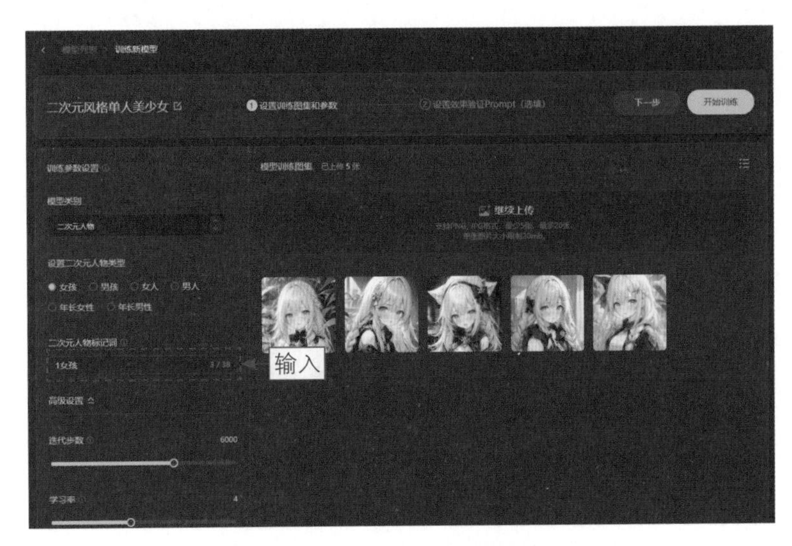

图 8-54　输入二次元人物标记词

步骤 04 在“高级设置”选项区中，可以设置“迭代步数”和“学习率”参数，建议保持默认设置即可。选择“我拥有训练图集的版权”复选框，单击“下一步”按钮，如图 8-55 所示。“迭代步数”用于设置模型的训练步数，步数越高，画面细节越丰富，但不会无限增强。另外，训练图不同，最优的“学习率”档位也不同，用户可以尝试调整，以求获得更好的模型训练效果。

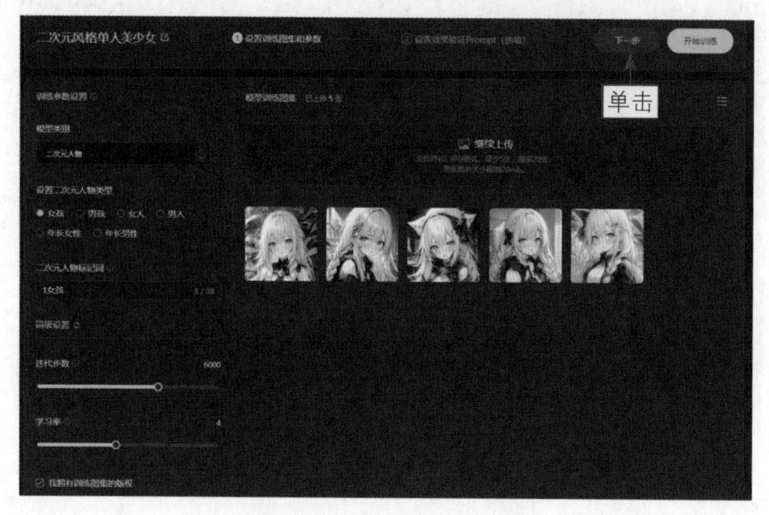

图 8-55　单击“下一步”按钮

步骤 05 进入“设置效果验证 Prompt（选填）”页面，在“效果验证 Prompt”文本框中输入多条验证 Prompt，单击“添加”按钮，添加效果验证 Prompt（5 ～ 10 条），如图 8-56 所示。

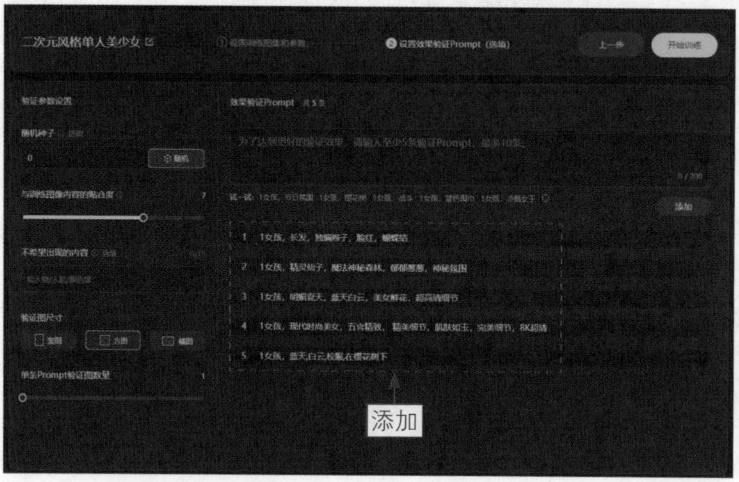

图 8-56　添加效果验证 Prompt

步骤 06 在左侧的“验证参数设置”选项区中，单击“随机”按钮，产生一个随机种子，会较大影响训练结果。设置“与训练图像内容的贴合度”为 7，参数值越高，生成的图片和训练图集越相似，但与 Prompt 的相关度会变低；参数值越低，生成的图片和训练图集越不像，但与 Prompt 的相关度会变高。在“不希望出现的内容”文本框中输入反向提示词，减少该内容出现的概率，反向提示词可叠加。其他参数保持默认设置即可，单击“开始训练”按钮，如图 8-57 所示。

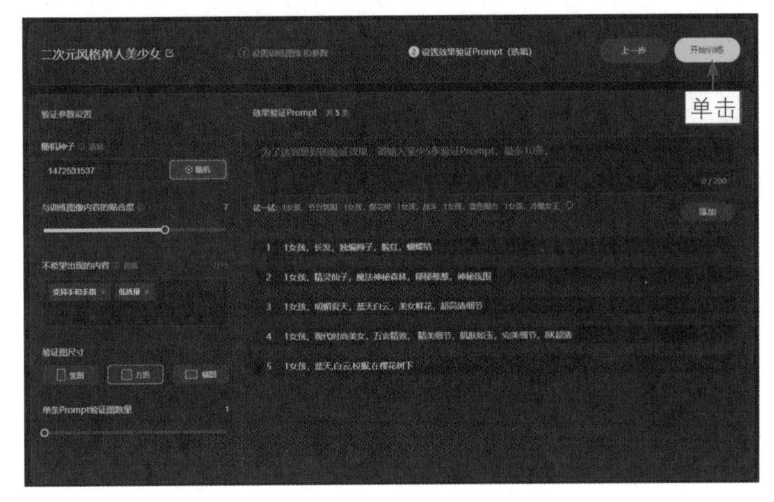

图 8-57 单击“开始训练”按钮

步骤 07 执行操作后，弹出“模型训练电量消耗”对话框，显示模型训练需要消耗的“电量”和相关说明信息，单击“确认”按钮，如图 8-58 所示。

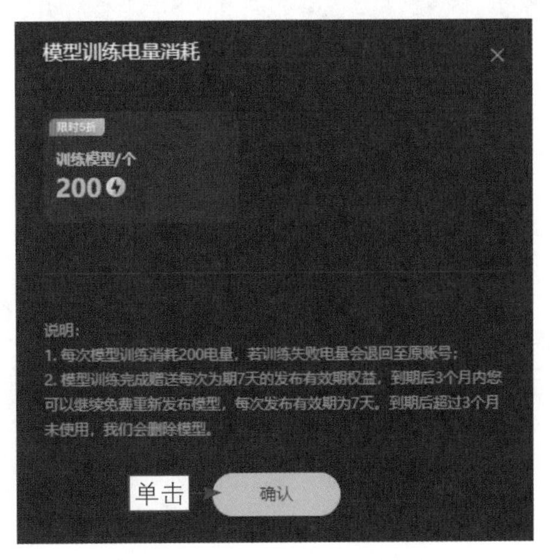

图 8-58 单击“确认”按钮

步骤 08 返回“自定义模型”页面，在模型列表的下方即可看到新创建的自定义模型，并出现“模型训练中”提示信息，同时会显示模型训练的预计时间，如图 8-59 所示。

图 8-59 显示模型训练的预计时间

步骤 09 模型训练完成后，显示“训练完成 - 待发布”信息，单击右侧的“验证预览”按钮，如图 8-60 所示。

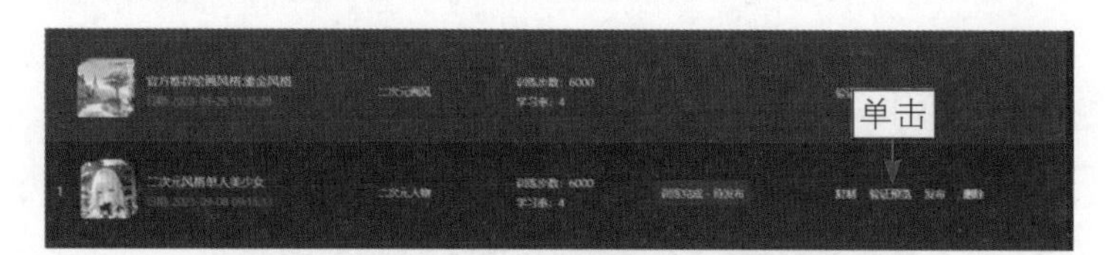

图 8-60 单击“验证预览”按钮

步骤 10 执行操作后，进入“验证预览”页面，查看模型的验证图和训练参数，确认无误后单击“发布模型”按钮，如图 8-61 所示。

图 8-61 单击“发布模型”按钮

步骤 11 执行操作后，弹出信息提示框，提示用户模型发布的相应使用规则，单击“立即发布”按钮，如图 8-62 所示。

步骤 12 执行操作后，即可发布模型，并返回模型列表，单击“使用模型”按钮，如图 8-63 所示。

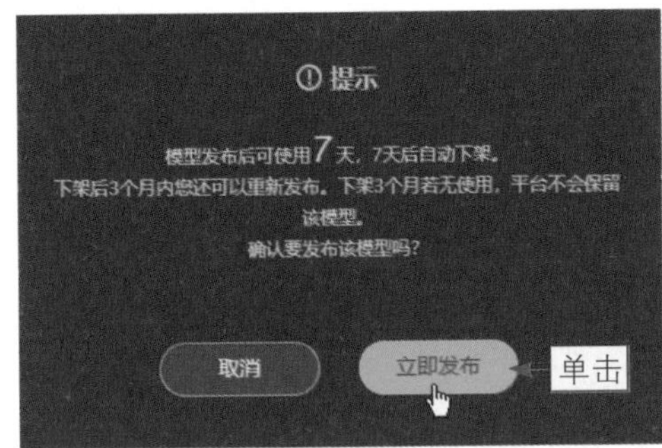

图 8-62　单击“立即发布”按钮

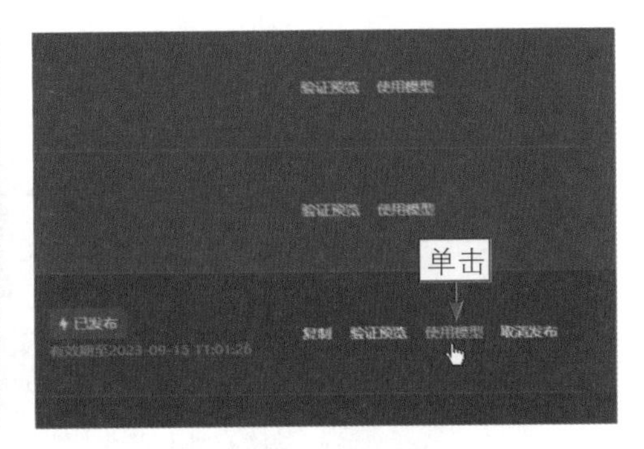

图 8-63　单击“使用模型”按钮

步骤 13 执行操作后，进入“使用模型”页面，并自动加载新创建的自定义模型，输入相应的提示词，设置“数量”为 2，如图 8-64 所示。注意，在 Prompt 中可以带入之前给人物取名的标记词，强调该人物出现在画面中。

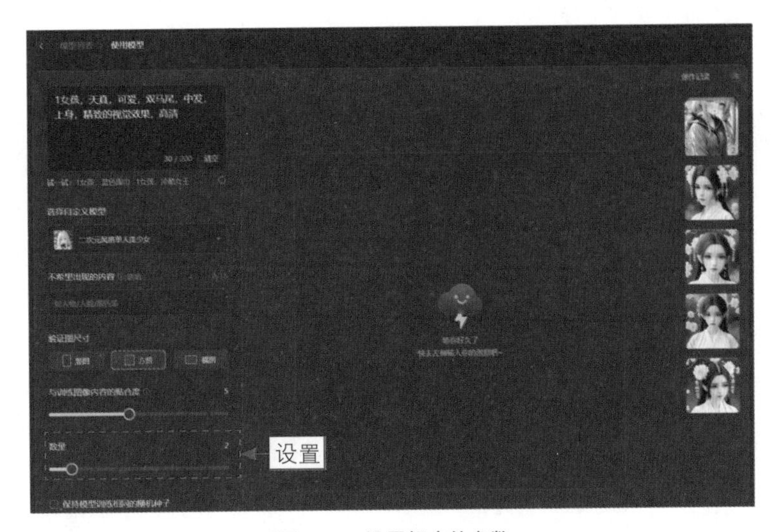

图 8-64　设置相应的参数

★ 专 家 提 醒 ★

通过模型训练，AI 模型可以学习到训练图集的画风，如人物形象、画面布局、色彩影调、笔触类型、绘画风格等。训练模型一般需要 30 ~ 120 分钟，完成后即可查看图片验证模型是否符合自己的需求。

步骤 14 单击“立即生成”按钮，生成相应的图像效果，如图 8-65 所示。

图 8-65 生成相应的图像效果

步骤 15 放大预览图像效果，如图 8-66 所示，可以看到，通过自定义模型生成的图像可以完美复刻训练图集的风格。

图 8-66 放大预览图像效果

第 9 章

7 个小程序使用技巧，用手机实现 AI 绘画

随着科技的飞速发展，人工智能正在逐步渗透到人们生活的各个领域。其中，文心一格小程序更是将 AI 技术与艺术创作完美结合，让每个人都能轻松实现 AI 绘画。本章将介绍文心一格小程序的使用技巧，帮助用户更好地用手机进行 AI 绘画，激发创作灵感。

实战 092　用手机实现以文生图

扫码看教学视频

在手机上使用文心一格小程序可以实现以文生图，轻松地将自己输入的文字描述转化为独特的艺术作品，具体操作方法如下。

步骤 01 打开文心一格小程序，点击“AI创作”按钮，如图9-1所示。

步骤 02 执行操作后，进入“AI创作”界面，在“AI绘画”选项卡中输入相应的提示词，如图9-2所示。

步骤 03 设置“尺寸”为“竖图”，点击“立即生成”按钮，进入“预览图”界面，生成4张图片，选择相应的图片，点击“提升分辨率”按钮，如图9-3所示。

步骤 04 执行操作后，即可提升图像分辨率，并保存所选的图像效果，如图9-4所示。

图9-1　点击“AI创作”按钮

图9-2　输入相应的提示词

图9-3　点击“提升分辨率”按钮

图9-4　提升图像分辨率

步骤 05 生成的图像效果如图 9-5 所示，通过文字描述创造了一个色彩丰富、富有生机、清新又温暖的画面效果。

图 9-5　生成的图像效果

实战 093　用手机实现以图生图

扫码看教学视频

在文心一格小程序中同样可以上传参考图，实现以图生图，快速复刻图片内容，具体操作方法如下。

步骤 01 进入“AI 创作”界面，输入相应的提示词，设置“尺寸”为“竖图”，点击“参考图”下方的按钮，如图 9-6 所示。

步骤 02 执行操作后，在下方弹出的列表框中选择“从相册选择”选项，如图 9-7 所示。

步骤 03 执行操作后，进入手机相册，选择相应的参考图，选中“原图”单选按钮，点击“完成”按钮，如图 9-8 所示。

步骤 04 执行操作后，即可上传参考图，设置“影响比重”为 6，如图 9-9 所示。

图 9-6　点击相应按钮

图 9-7　选择“从相册选择”选项

图 9-8　点击“完成”按钮

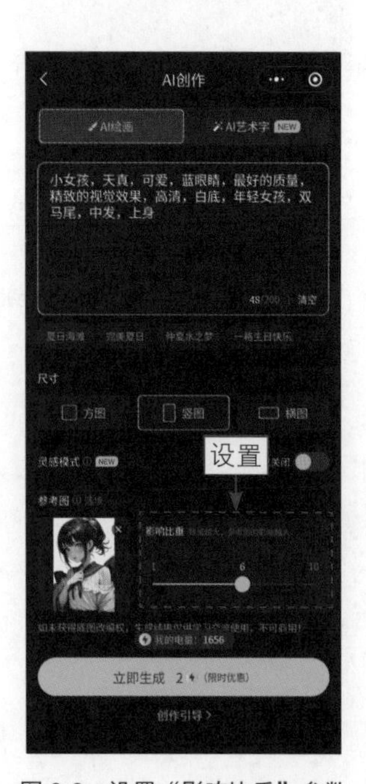

图 9-9　设置“影响比重”参数

步骤 05 点击“立即生成”按钮，即可根据参考图生成一张类似的图片效果，参考图和效果图如图 9-10 所示。

图 9-10　参考图和效果图

实战 094　使用文心一格的示例词包

扫码看教学视频

文心一格小程序提供了示例词包，对于写不出提示词的用户来说帮助很大，具体操作方法如下。

步骤 01 进入“AI 创作”界面，在提示词输入框下方选择相应的示例词包，即可将其自动填入到提示词输入框中，如图 9-11 所示。

步骤 02 点击“立即生成”按钮，即可生成 4 张图片，选择相应的图片，点击“提升分辨率”按钮，如图 9-12 所示。

步骤 03 执行操作后，即可保存所选图片，模拟用毛笔和墨汁绘制的墨竹，整体呈现出一种淡雅、清秀、坚韧而又富含文化底蕴的画面效果，如图 9-13 所示。

图 9-11　选择相应的示例词包

图 9-12　点击“提升分辨率”按钮

图 9-13　墨竹效果

实战 095　设置 AI 绘画的图像尺寸

扫码看教学视频

在文心一格小程序中，用户可以根据需要设置 AI 绘画的图像尺寸，具体操作方法如下。

步骤 01 进入“AI 创作”界面，输入相应的提示词，设置“尺寸”为“竖图”，如图 9-14 所示。

步骤 02 点击“立即生成”按钮，即可根据提示词生成相应的竖图，选择相应的图片，点击“提升分辨率”按钮，如图 9-15 所示。

步骤 03 执行操作后，即可保存所选图片，竖图可以将瀑布从高处倾泻而下的画面完整地描绘出来，使画面具有一种神秘、壮丽、浪漫的美感，最终效果如图 9-16 所示。

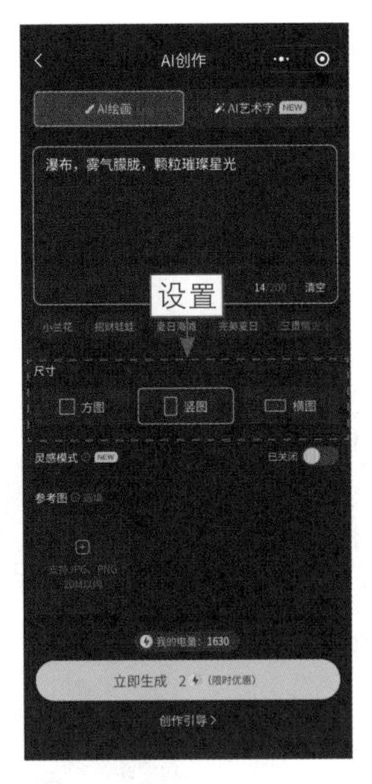

图 9-14　设置“尺寸”参数

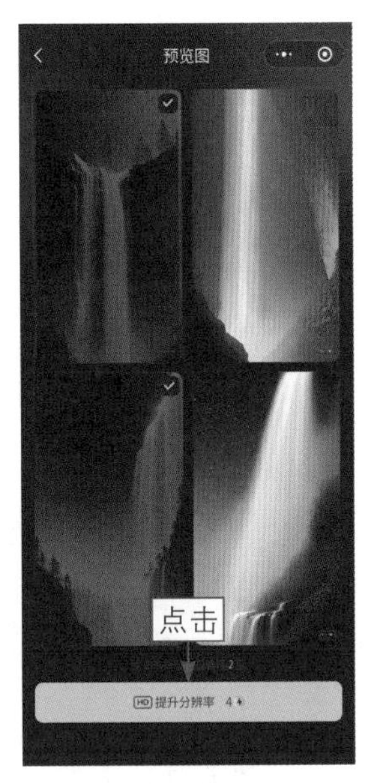

图 9-15　点击“提升分辨率”按钮

图 9-16　最终的瀑布效果

实战096 在小程序中开启灵感模式

扫码看教学视频

在文心一格小程序中，开启“灵感模式”功能可以让AI自由发挥，对提示词进行改写，优化出图效果，具体操作方法如下。

步骤 01 进入“AI创作”界面，输入相应的提示词，开启“灵感模式”功能，如图9-17所示。

步骤 02 点击“立即生成”按钮，即可生成4张图片，选择相应的图片，点击“提升分辨率”按钮，如图9-18所示。

步骤 03 执行操作后，即可保存所选图片，下方会显示相应图片的提示词，如图9-19所示，可以看到，AI会对某些图片的提示词进行修改。

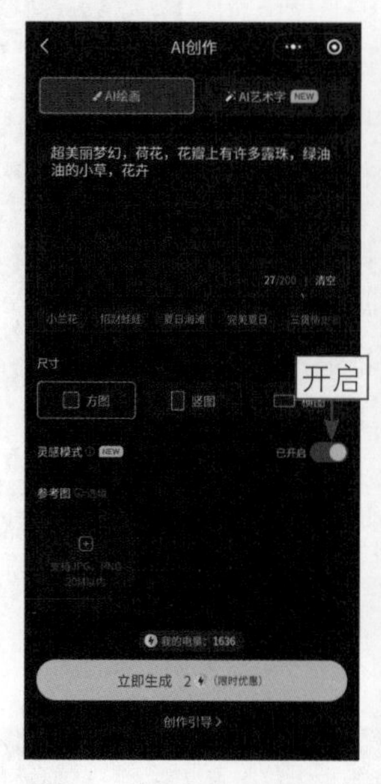

图9-17 开启“灵感模式”功能

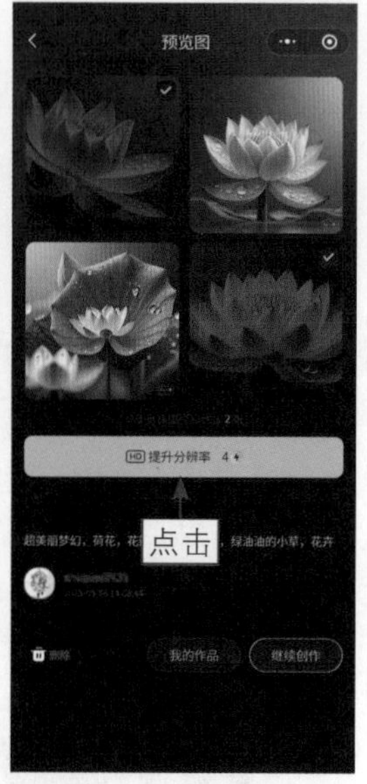

图9-18 点击“提升分辨率”按钮

图9-19 显示相应图片的提示词

步骤 04 生成的图像效果如图 9-20 所示，通过 AI 灵感改写提示词，可以绘制出超凡脱俗、美丽如梦的荷花场景图。

图 9-20　荷花效果

实战 097　用手机 AI 生成中文艺术字

扫码看教学视频

文心一格小程序提供了“AI 艺术字”功能，利用它可以生成美观的中文艺术字，具体操作方法如下。

步骤 01 在“AI 创作”界面中切换至“AI 艺术字”选项卡，输入相应的中文文字和字体创意提示词，如图 9-21 所示。

步骤 02 在“排版方向”选项区中点击“自定义”按钮，弹出“自定义”面板，设置“字体大小”为“大”，使文字铺满整个画布，如图 9-22 所示。

步骤 03 切换至“字体位置”选项卡，选择“居中”选项，将文字居中排列，如图 9-23 所示。

步骤 04 切换至“排版方向”选项卡，选择“单排竖向”选项，将文字调整为单排竖向排列，如

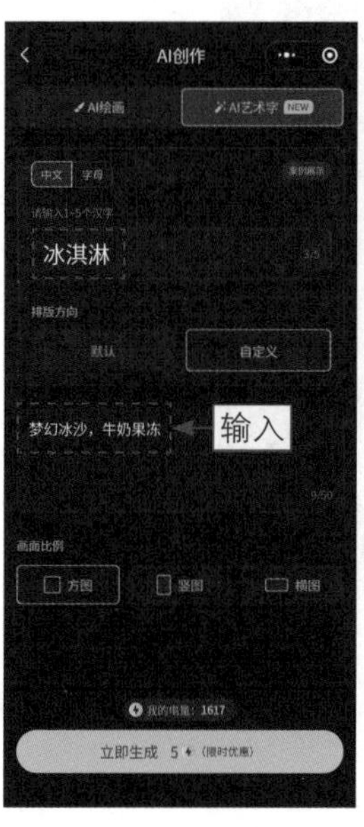

图 9-21　输入相应的文字和提示词

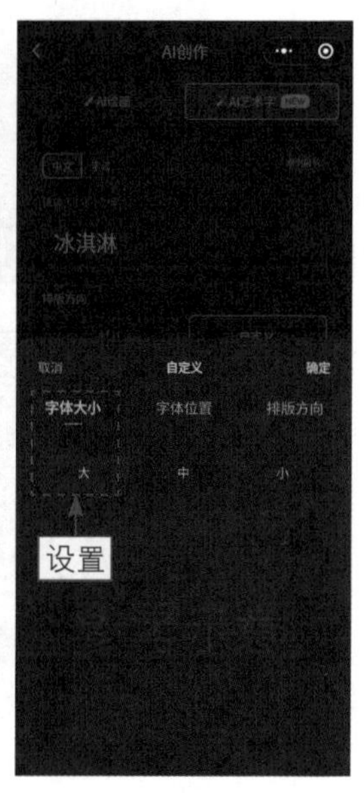

图 9-22　设置“字体大小”参数

图 9-24 所示。

步骤 05 点击“确定”按钮保存设置，并设置“画面比例”为“竖图”，将画面比例调整为竖画幅，如图 9-25 所示。

步骤 06 点击“立即生成”按钮，即可生成 4 张图片，选择相应的图片，点击“提升分辨率”按钮，如图 9-26 所示。

步骤 07 生成的艺术字效果如图 9-27 所示，给人带来一种非常甜美、清凉、梦幻的视觉效果。

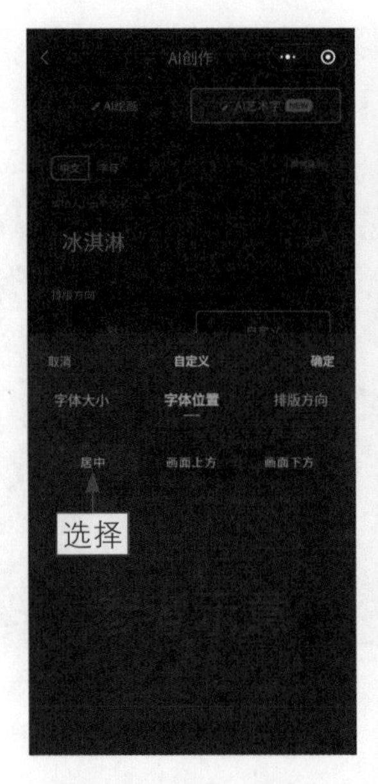

图 9-23　选择“居中”选项

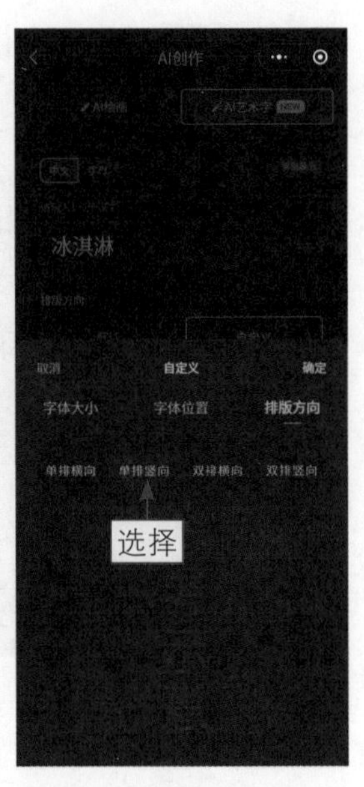

图 9-24　选择“单排竖向”选项

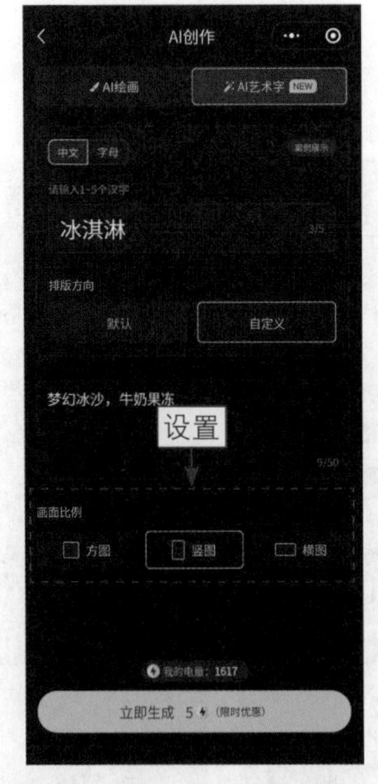

图 9-25　设置“画面比例”参数

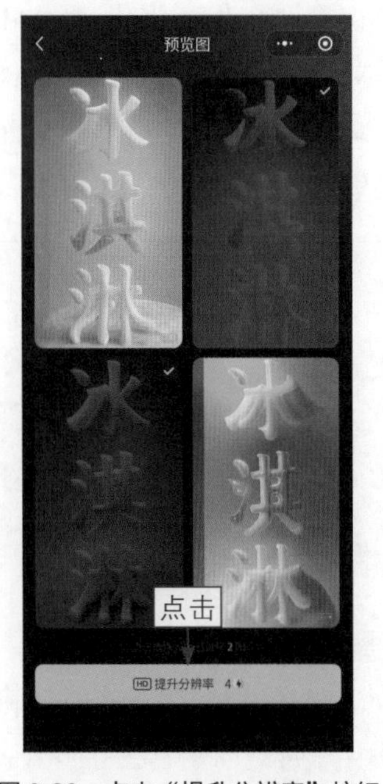

图 9-26　点击“提升分辨率”按钮

图 9-27　艺术字效果

实战 098　用手机 AI 生成字母艺术字

扫码看教学视频

文心一格小程序不仅可以生成中文艺术字，还可以生成单个的字母艺术字，具体操作方法如下。

步骤 01 在“AI 创作”界面中切换至“AI 艺术字”|“字母”选项卡，输入一个字母，如图 9-28 所示。

步骤 02 在“排版方向”选项区中点击“自定义”按钮，弹出“自定义”面板，设置“字体大小”为“大”，使字母铺满整个画布，如图 9-29 所示。

步骤 03 点击“确定”按钮保存设置，输入相应的字体创意提示词，如图 9-30 所示。

步骤 04 点击“立即生成”按钮，即可生成 4 张图片，选择

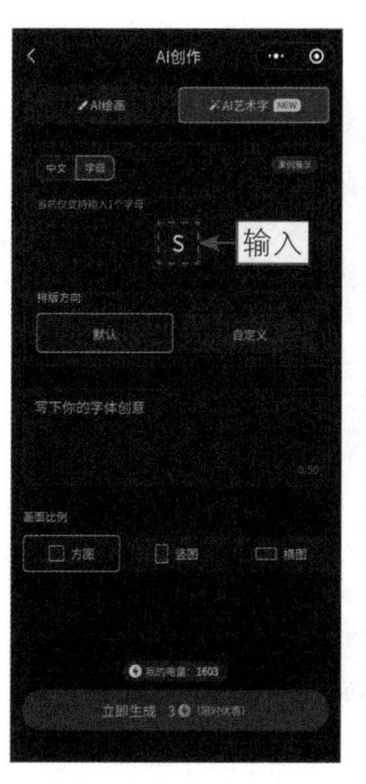

图 9-28　输入一个字母

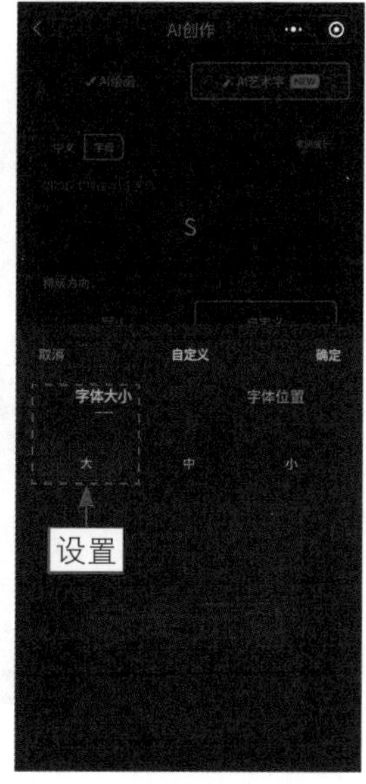

图 9-29　设置“字体大小”参数

相应的图片，点击“提升分辨率”按钮，如图 9-31 所示。

图 9-30 输入相应的提示词

图 9-31 点击“提升分辨率”按钮

步骤 05 生成的艺术字效果如图 9-32 所示，字母就像是彩色的迷雾在空中飘浮，营造出了一种富有神秘气息，且充满立体感、动感和深度的视觉效果。

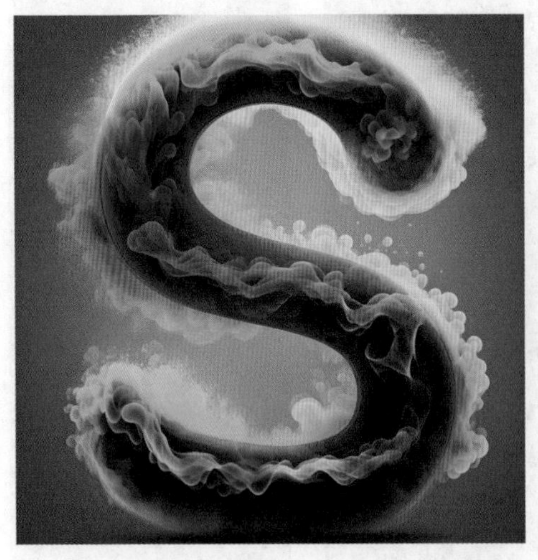

图 9-32 艺术字效果

第 10 章

10 个 AI 绘画案例，创作艺术与商业画作

文心一格是一个使用人工智能技术来创作绘画作品的工具，它能够模拟人类画家的创作过程，并生成具有独特魅力和风格的艺术与商业画作。本章将介绍 10 个 AI 绘画案例，这些案例既展现了文心一格在艺术创作方面的潜力，也表现了其在商业领域中的应用价值。

实战 099　生成儿童绘本插画

扫码看教学视频

儿童绘本插画可以营造出一个充满奇幻与想象的世界，为孩子们打开一扇通向美好世界的窗户。儿童绘本插画通常使用色彩斑斓的画笔描绘出一个个令人陶醉的故事，能够激发孩子们的想象力和创造力。本案例主要介绍使用文心一格生成儿童绘本插画的方法，效果如图 10-1 所示。

图 10-1　儿童绘本插画效果

下面介绍生成儿童绘本插画的操作方法。

步骤 01 在文心一格的“实验室”页面中，单击“自定义模型”按钮进入该页面，单击相应儿童绘本风格模型右侧的“验证预览”按钮，如图 10-2 所示。

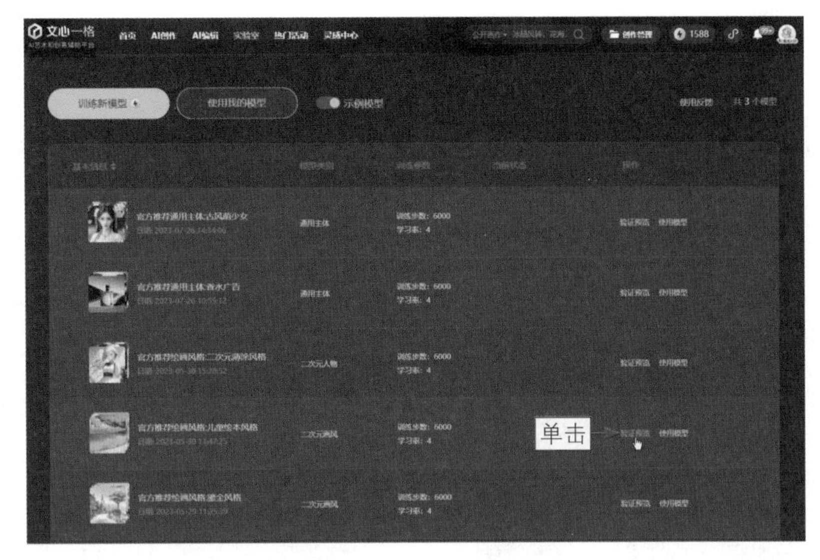

图 10-2 单击“验证预览”按钮

步骤 02 执行操作后，进入“验证预览”页面，可以预览该模型的验证图，如图 10-3 所示。

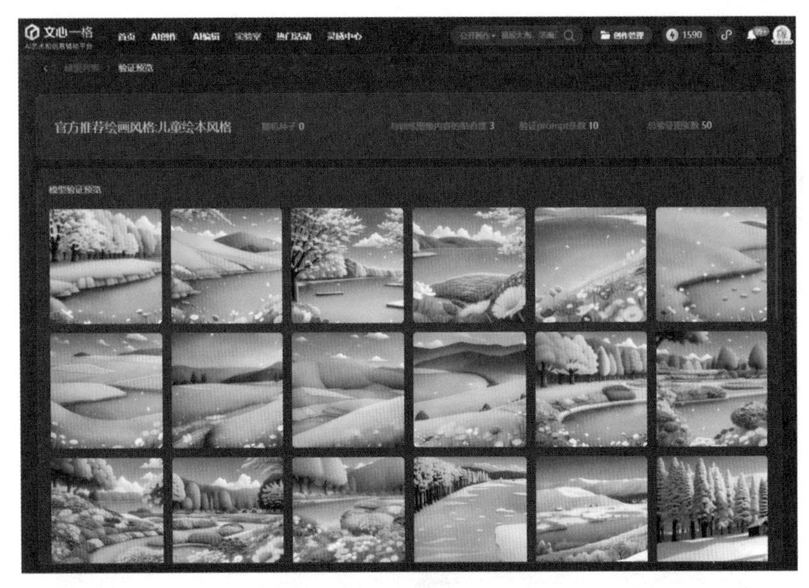

图 10-3 预览该模型的验证图

步骤 03 返回上一个页面，在模型列表中单击该模型右侧的“使用模型”按钮，进入“使用模型”页面，并自动加载所选的儿童绘本风格模型，输入相应的正向提示词和反向提示词，如图 10-4 所示。

步骤 04 在下方继续设置“验证图尺寸”为“横图”、“与训练图像内容的贴合度”为6、“数量”为1，尽可能地让出图效果贴合训练图像内容，如图10-5所示。

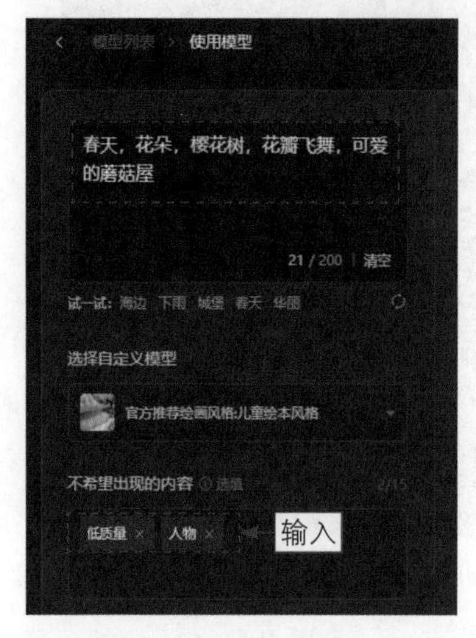

图 10-4 输入相应的提示词

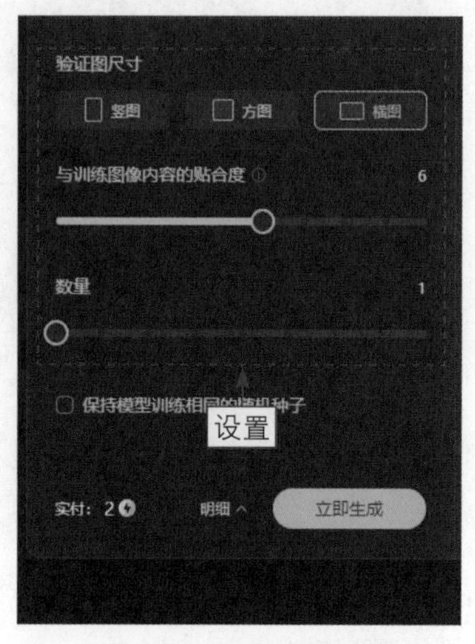

图 10-5 设置相应的参数

步骤 05 单击“立即生成”按钮，生成相应的图像效果，可以看到画面充满了春天的气息，并让人感受到大自然的神秘和生命的奇妙，如图10-6所示。

图 10-6 生成相应的图像效果

步骤 06 单击预览窗口中的图片，即可查看大图效果，单击图片右侧的工具栏中的“下载”按钮，如图10-7所示，即可下载图片。

图 10-7　单击“下载”按钮

实战 100　生成二次元动漫画作

扫码看教学视频

对于动漫爱好者或者设计师来说，想要设计出自己的原创动漫人物形象，利用文心一格就能轻松实现。文心一格可以随心创作个性化的二次元动漫人物、场景和元素，而且线条刻画精致，画面效果饱满，能够让用户一键突破“次元壁”。本案例主要介绍使用文心一格生成一组二次元动漫画作的方法，效果如图 10-8 所示。

图 10-8

图 10-8　二次元动漫画作效果

下面介绍生成二次元动漫画作的操作方法。

步骤 01 进入文心一格的“AI创作”页面，输入相应的提示词，设置“画面类型”为“唯美二次元”、“数量”为1，单击“立即生成”按钮，生成相应的图像效果，绘制出一个独特且充满魅力的二次元少女形象，如图10-9所示。

图 10-9　通过“唯美二次元”画面类型生成的图像效果

步骤 02 切换至“自定义”选项卡，保持提示词不变，选择“二次元”AI画师，并设置“数量”为1，单击“立即生成”按钮，生成相应的图像效果，如图10-10所示，整体风格与图10-9类似。

图 10-10 通过“二次元”AI 画师生成的图像效果

步骤 03 进入文心一格的“实验室”页面，单击“自定义模型”按钮进入该页面，单击相应二次元模型右侧的“使用模型”按钮，如图 10-11 所示。

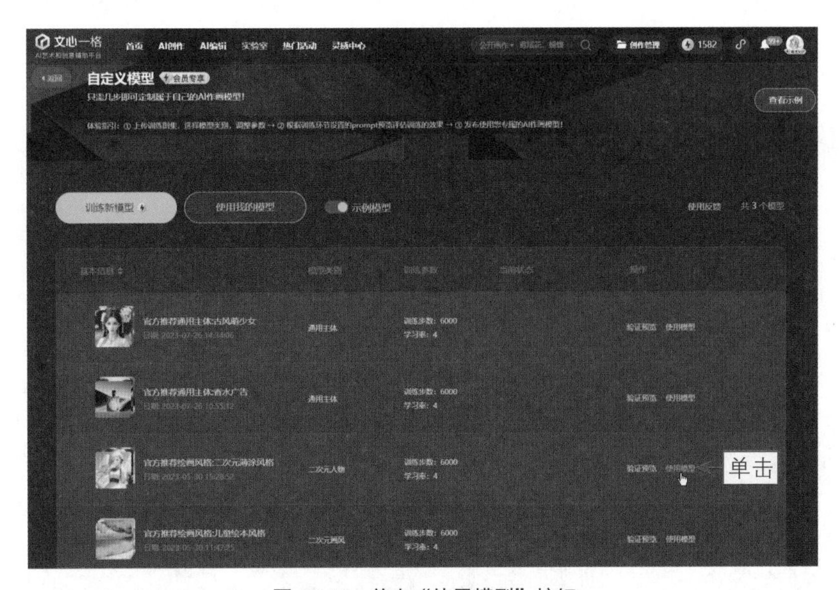

图 10-11 单击“使用模型”按钮

步骤 04 执行操作后，进入“使用模型”页面，并自动加载所选的二次元模型，输入与前面绘图时相同的提示词，如图 10-12 所示。

步骤 05 在下方继续设置“验证图尺寸”为“方图”、“与训练图像内容的贴合度”为5、“数量”为2，适当降低出图效果与训练图像内容的贴合度，增强提示词的引导作用，如图10-13所示。

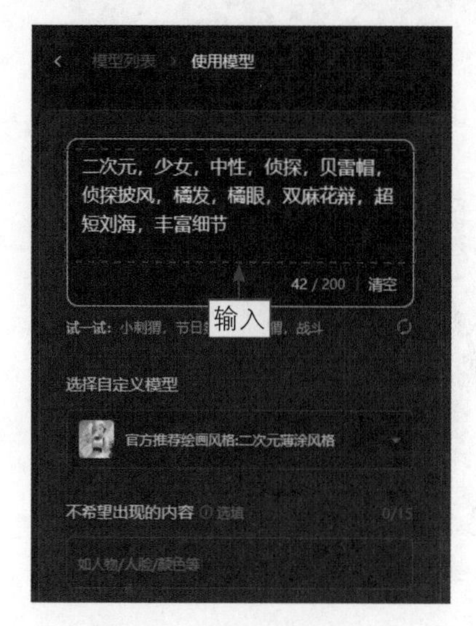

图10-12　输入相应的提示词

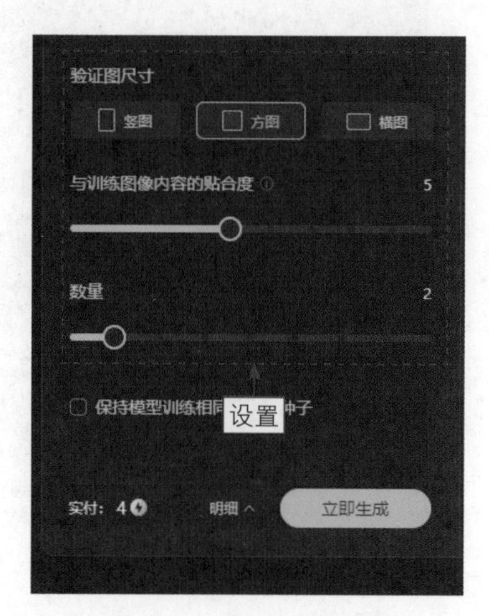

图10-13　设置相应的参数

步骤06 单击“立即生成”按钮，生成相应的图像效果，保证整体风格与该模型相符，同时让提示词中的元素尽量出现在画面中，如图10-14所示。

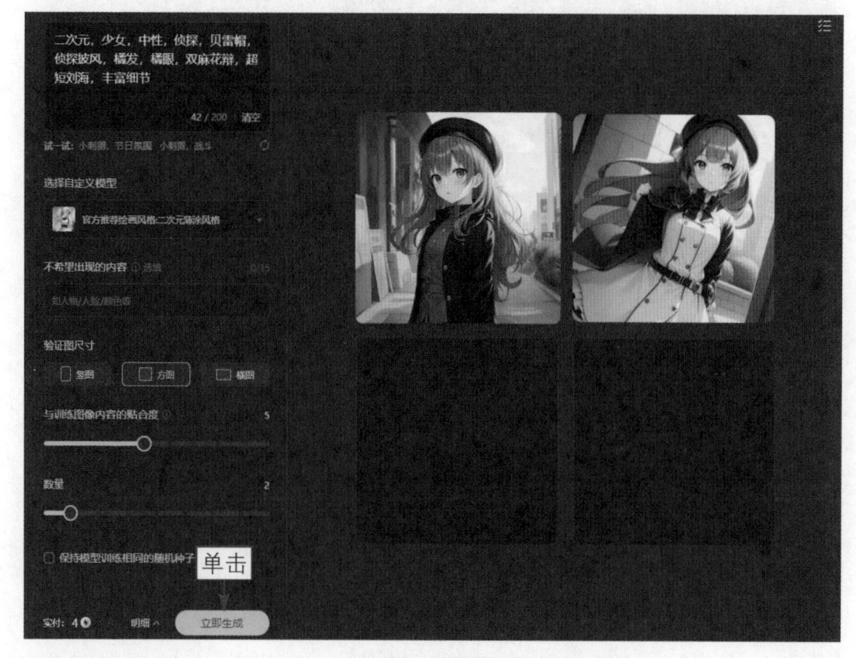

图10-14　通过二次元模型生成的图像效果

实战 101　生成香水广告图片

扫码看教学视频

广告是一种宣传和推销产品或服务的方式，它通过各种媒体向消费者传递信息，能够激发消费者的购买欲望。广告的目的是让消费者了解某个产品或服务的特点、用途、优势等信息，从而促使消费者产生购买行为，提高产品或服务的销售量。

本案例主要介绍使用文心一格生成香水广告图片的方法，通过将香水与各种自然元素完美地融合在一起，让人感受到一种超凡脱俗的美丽，效果如图 10-15 所示。

图 10-15　香水广告图片效果

下面介绍生成香水广告图片的操作方法。

步骤 01 进入文心一格的“AI 创作”页面，输入相应的提示词，设置“画面类型”为“智能推荐”、“比例”为“竖图”、“数量”为 1，单击“立即生成”按钮，生成相应的图像效果，可以看到画面中的香水有着晶莹剔透的瓶身，线条流畅而柔美，犹如一件艺术品，如图 10-16 所示。

图 10-16　通过“智能推荐”画面类型生成的图像效果

步骤02 进入文心一格的“实验室”页面，单击“自定义模型”按钮进入该页面，单击相应香水广告模型右侧的“使用模型”按钮，如图 10-17 所示。

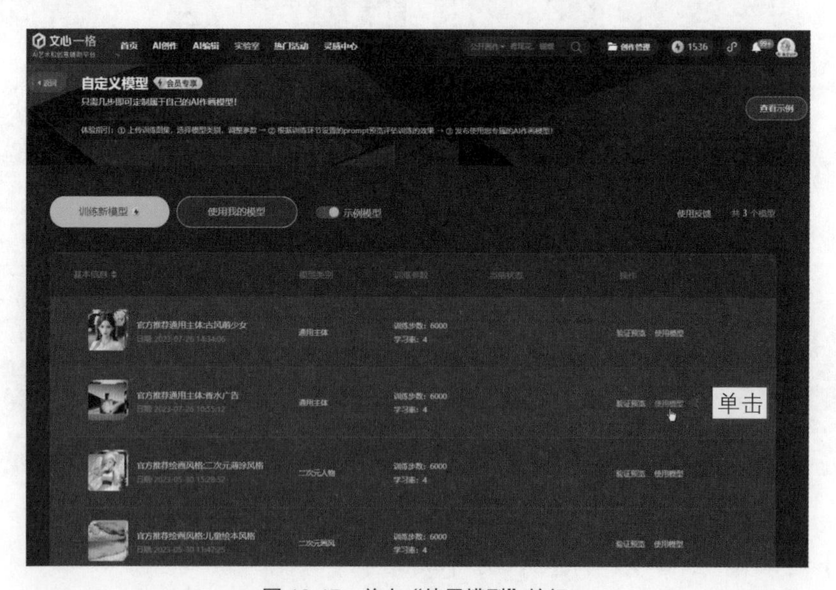

图 10-17　单击“使用模型”按钮

步骤03 执行操作后，进入“使用模型”页面，并自动加载所选的香水广告模型，输入相应的提示词，如图 10-18 所示。

步骤 04 在下方继续设置“验证图尺寸”为“竖图”、“与训练图像内容的贴合度”为6、“数量”为1，选择“保持模型训练相同的随机种子”复选框，固定图像的随机种子，如图10-19所示。

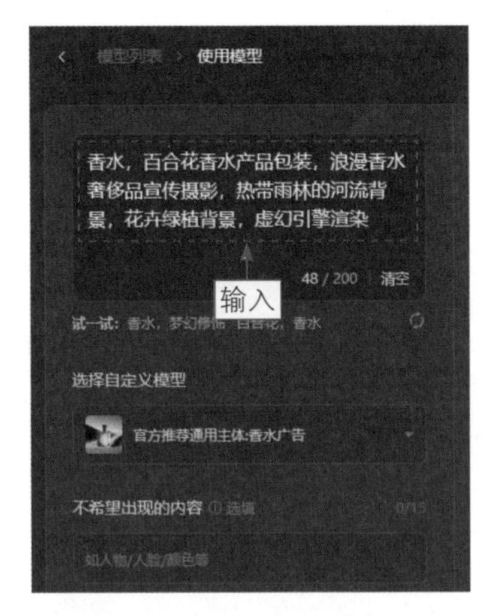

图 10-18 输入相应的提示词

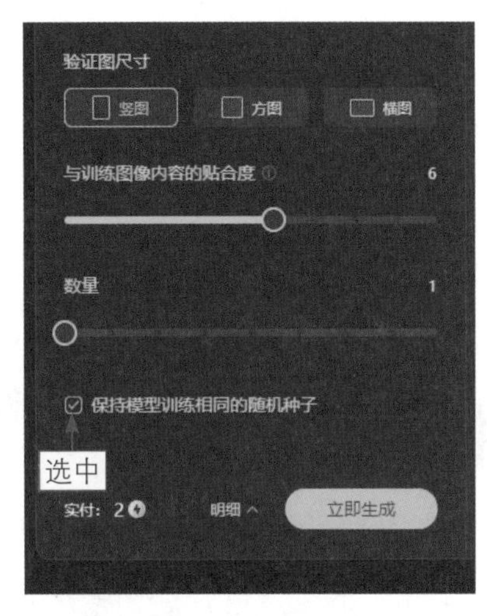

图 10-19 选择相应的复选框

步骤 05 单击“立即生成”按钮，生成相应的图像效果，AI采用了独特的创意和设计手法，使画面富有极强的感染力，如图10-20所示。

图 10-20 通过香水广告模型生成的图像效果

实战 102　生成油画风手机壁纸

扫码看教学视频

在当今的移动互联网时代，手机已经成为人们日常生活中不可或缺的一部分，而手机壁纸则成为展示个性、品味的快捷方式。本案例主要介绍使用文心一格生成油画风手机壁纸的方法，这种手机壁纸借鉴了传统油画的色彩、笔触和质感，同时结合了现代设计的简约和时尚特点，为用户的手机屏幕带来了全新的视觉感受和艺术气息，效果如图 10-21 所示。

图 10-21　油画风手机壁纸效果

下面介绍生成油画风手机壁纸的操作方法。

步骤 01 进入文心一格的“AI 创作”页面，输入相应的提示词，设置“画面类型”为“智能推荐”、“比例”为“竖图”、“数量”为 2，单击“立即生成”按钮，生成相应的图像效果，如图 10-22 所示。

图 10-22　通过“智能推荐”画面类型生成的图像效果

步骤 02 单击预览窗口中的图片，放大预览图片效果，如图 10-23 所示，可以看到画面非常优美，但油画的风格还不是太明显。

图 10-23　放大预览图片效果

步骤 03 切换至“自定义”选项卡，保持提示词不变，选择“创艺”AI 画师，能够充分发挥 AI 的艺术创想，如图 10-24 所示。

步骤 04 在下方继续设置“尺寸”为 9∶16、“数量”为 1、“画面风格”为“油画”，增强画面的油画风格特征，如图 10-25 所示。

图 10-24 选择“创艺”AI 画师

图 10-25 设置相应的参数

步骤 05 单击“立即生成”按钮，生成相应的图像效果，可以看到画面不仅像油画一样细腻、生动，同时兼具壁纸的实用性和装饰性，如图 10-26 所示。

图 10-26 通过“油画”画面风格生成的图像效果

实战 103　生成抖音虚拟头像

扫码看教学视频

抖音是一款音乐创意短视频社交软件，它包含了生活趣味、时尚搭配、音乐舞蹈等各种热门元素，同时还有许多用户自拍、搞笑、瞬间记录等创意内容，成为广大年轻用户最喜欢的短视频平台之一。

抖音上有很多热门短视频博主使用的都是虚拟头像，通过选择与自己形象或品牌相符合的虚拟头像，可以更好地传递他们的价值观，吸引粉丝关注。另外，使用虚拟头像还可以让短视频博主更好地保护自己的隐私。本案例主要介绍使用文心一格生成抖音虚拟头像的方法，效果如图 10-27 所示。

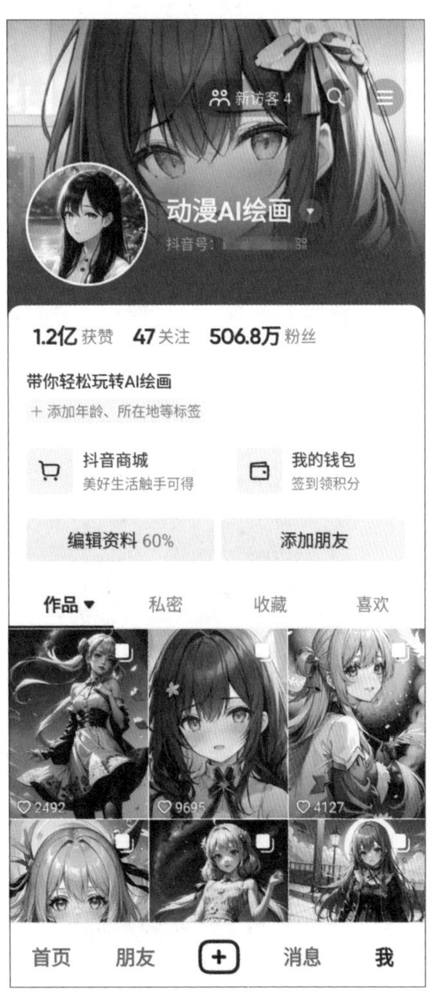

图 10-27　抖音虚拟头像效果

下面介绍生成抖音虚拟头像的操作方法。

步骤 01 进入文心一格的“AI 创作”页面，切换至“自定义”选项卡，输入相应的提示词，选择“创艺”AI 画师，设置“尺寸”为 1∶1、“数量”为 1，单击“立即生成”按钮，生成相应的图像效果，可以看到画面具有一定的动漫风格，如图 10-28 所示。

图 10-28　通过“创艺”AI 画师生成的图像效果

步骤 02 选择“二次元”AI 画师，其他参数保持不变，单击“立即生成”按钮，生成相应的图像效果，可以看到画面的动漫风格更加明显，如图 10-29 所示。

图 10-29　通过“二次元”AI 画师生成的图像效果

步骤 03 用户如果需要更加个性化的动漫头像，还可以上传真人照片来以图生图，单击“上传参考图”下方的⊞按钮，如图 10-30 所示。

步骤 04 弹出“打开”对话框，选择相应的参考图，如图 10-31 所示，单击“打开”按钮。

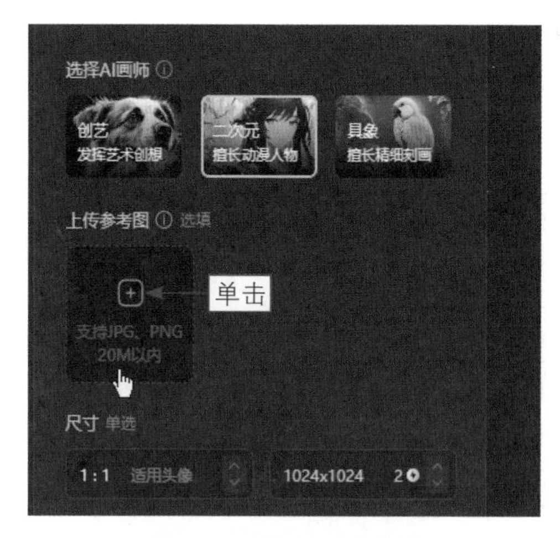

图 10-30　单击相应的按钮

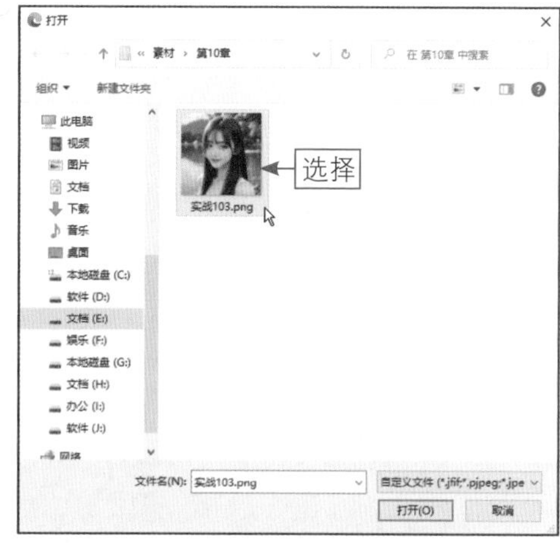

图 10-31　选择相应的参考图

步骤 05 执行操作后，即可上传参考图，设置“影响比重”为 5，单击“立即生成”按钮，生成相应的图像效果，将真人照片转换为动漫头像，可以将人物形象以更加趣味性、创意性的方式呈现出来，如图 10-32 所示。

图 10-32　将真人照片转换为动漫头像效果

实战 104　生成杂志风商业插画

扫码看教学视频

商业插画是指为商业用途而创建的插图，包括平面设计图、手绘素描图、计算机矢量图和位图等多种形式，通常由专业的插图师、设计师等人员根据特定需求进行创作。本案例主要介绍使用文心一格生成杂志风商业插画的方法，通过生动的图像和独特的风格吸引目标客户，增强产品的品牌形象，效果如图 10-33 所示。

图 10-33　杂志风商业插画效果

下面介绍生成杂志风商业插画的操作方法。

步骤 01 进入文心一格的“AI 创作”页面，输入相应的提示词，设置“画面类型”为“智能推荐”、“比例”为“竖图”、“数量”为 1，单击“立即生成”按钮，生成相应的图像效果，如图 10-34 所示。

步骤 02 展开“画面类型”选项区，选择“明亮插画”选项，其他参数保持不变，单击“立即生成”按钮，生成相应的图像效果，通过使用大量高饱和度的色彩，使画面在视觉上呈现出生动、鲜明的特色，如图 10-35 所示。

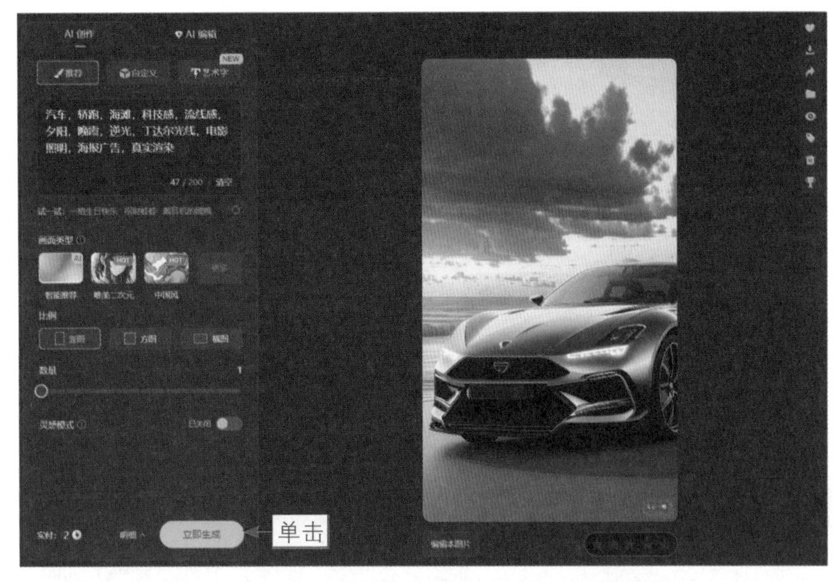

图 10-34　通过“智能推荐”画面类型生成的图像效果

图 10-35　通过“明亮插画”画面类型生成的图像效果

实战 105　生成品牌 IP 形象

扫码看教学视频

品牌 IP（Intellectual Property，知识产权）形象是指企业或其特定品牌在市场和社会公众心中所展现的个性特征。本案例主要介绍使用文心一格生成品牌 IP 形象的方法，通过将品牌形象人格化，可以拉近品牌与消费者的距离，从而更好地吸引和打动消费者，促进业绩提升，效果如图 10-36 所示。

图 10-36 品牌 IP 形象效果

下面介绍生成品牌 IP 形象的操作方法。

步骤 01 进入文心一格的“AI 创作”页面，输入相应的提示词，设置“画面类型”为“智能推荐”、“比例”为“方图”、“数量”为 1，单击“立即生成”按钮，生成相应的图像效果，但画面中存在一些瑕疵，如图 10-37 所示。

图 10-37 通过“智能推荐”画面类型生成的图像效果

步骤 02 单击“编辑本图片”按钮，进入“AI 编辑”页面，展开“涂抹消除”选项区，在画面中的相应位置涂抹，如图 10-38 所示。

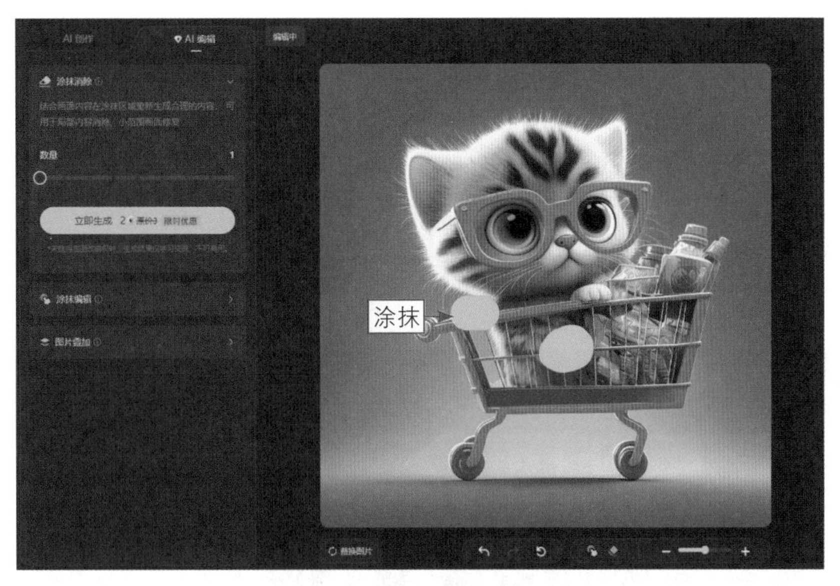

图 10-38 在画面中的相应位置涂抹

步骤 03 单击“立即生成”按钮，即可修复图像中的瑕疵，效果如图 10-39 所示。

图 10-39 修复图像中的瑕疵

实战 106 生成小清新人像写真集

扫码看教学视频

小清新人像照片是一种以清新、自然、唯美为主题的人像摄影风格，它通过柔和的色调、简洁的背景、唯美的元素等来展现清新、自然的感觉。

本案例主要介绍使用文心一格生成小清新人像写真集的方法，以自然光线和简单的场景为基础，表现出清新、自然、唯美的人物形象，从而引起观者的情感共鸣，将这些照片放入相册中的效果如图 10-40 所示。

图 10-40 小清新人像写真集效果

下面介绍生成小清新人像写真集的操作方法。

步骤 01 进入文心一格的“AI 创作”页面，输入相应的提示词，设置“画面类型”为“智能推荐”、“比例”为“方图”、“数量”为 4，单击“立即生成”按钮，生成相应的小清新人像写真图像效果，如图 10-41 所示。

步骤 02 放大预览图像，可以看到画面通过简单的构图、自然的人物表情和柔软的光线，营造出自然、清新的氛围，效果如图 10-42 所示。

图 10-41　生成相应的小清新人像写真图像效果

图 10-42　放大预览图像效果

实战 107　生成优美的客厅风景画

扫码看教学视频

优美的风景画是一种以自然、和谐、意境深远为主题的艺术形式，它通过画笔诠释出自然界的美丽与神秘。这些画作通常以自然界中的元素为基础，通过色彩、线条、光影等表现手法，将自然景色刻画得生动逼真、细腻入微。

本案例主要介绍使用文心一格生成优美风景画的方法，可以将其装裱后挂在客厅中，增添室内空间的美感和舒适感，效果如图 10-43 所示。

图 10-43　优美的客厅风景画效果

下面介绍生成优美的客厅风景画的操作方法。

步骤 01 进入文心一格的“AI 创作”页面，切换至“自定义”选项卡，输入相应的提示词，选择“创艺”AI 画师，能够充分发挥 AI 的艺术创想，如图 10-44 所示。

步骤 02 在下方继续设置“尺寸”为 16∶9、“数量”为 1、“画面风格”为“CG 原画”，让画面拥有高分辨率、高精度的真实感，如图 10-45 所示。

步骤 03 单击“立即生成”按钮，生成相应的图像效果，放大预览图像，如图 10-46 所示，可以看到，无论是光影的呈现、材质的模拟，还是画面的分辨率和精度，“CG 原画”这种画面风格都能做到极佳的效果，将画面呈现得极其细腻、逼真。

图 10-44　选择“创艺”AI 画师

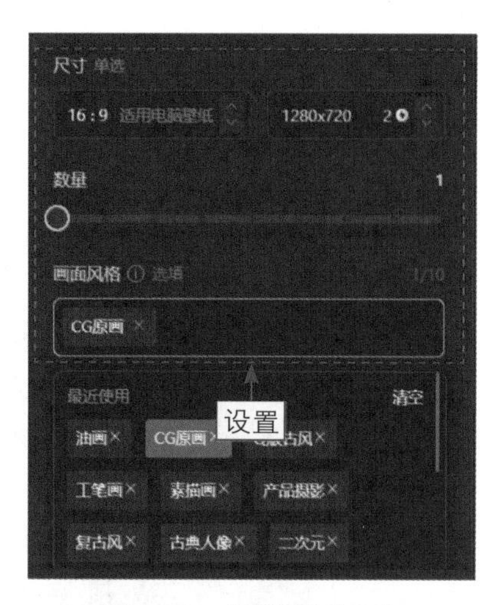

图 10-45　设置相应的参数

图 10-46　放大预览图像效果

实战 108　生成钻戒产品宣传海报

扫码看教学视频

产品宣传海报是一种精美的视觉媒介，它通过富有创意和吸引力的设计，将产品的特色、功能和优势呈现给广大消费者。本案例主要介绍使用文心一格生成钻戒产品宣传海报的方法，不仅能够有效传达产品的独特卖点，还能够吸引消费者的眼球，激发他们的购买欲望，效果如图 10-47 所示。

图 10-47 产品宣传海报效果

下面介绍生成钻戒产品宣传海报的操作方法。

步骤 01 进入文心一格的“AI 创作”页面，切换至“自定义”选项卡，输入相应的提示词，选择“创艺”AI 画师，能够充分发挥 AI 的艺术创想，如图 10-48 所示。

步骤 02 在下方继续设置“尺寸”为1∶1、“数量”为1、“画面风格”为“产品摄影”，让画面在视觉效果上产生更高的拟真度，如图10-49所示。

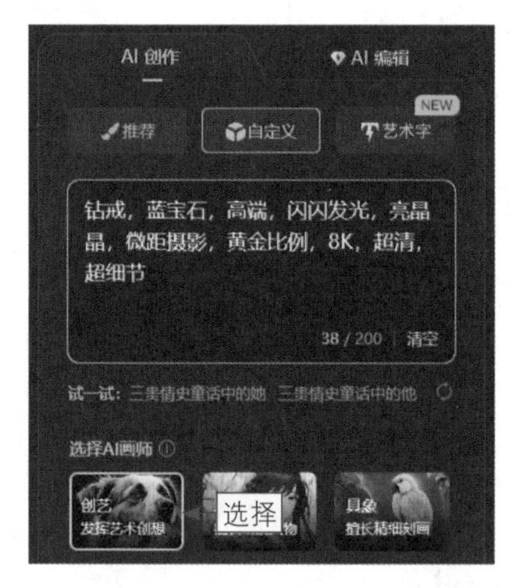

图10-48　选择“创艺”AI画师

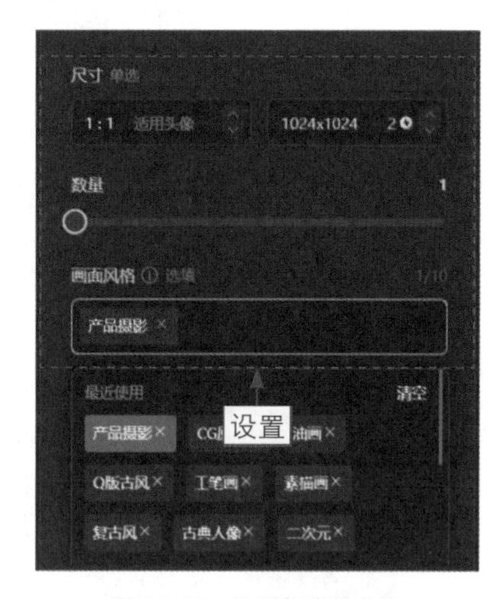

图10-49　设置相应的参数

步骤 03 添加相应的修饰词，单击“立即生成”按钮，生成相应的图像效果，通过AI精细入微的描绘和刻画，呈现出产品的真实细节和质感，如图10-50所示。

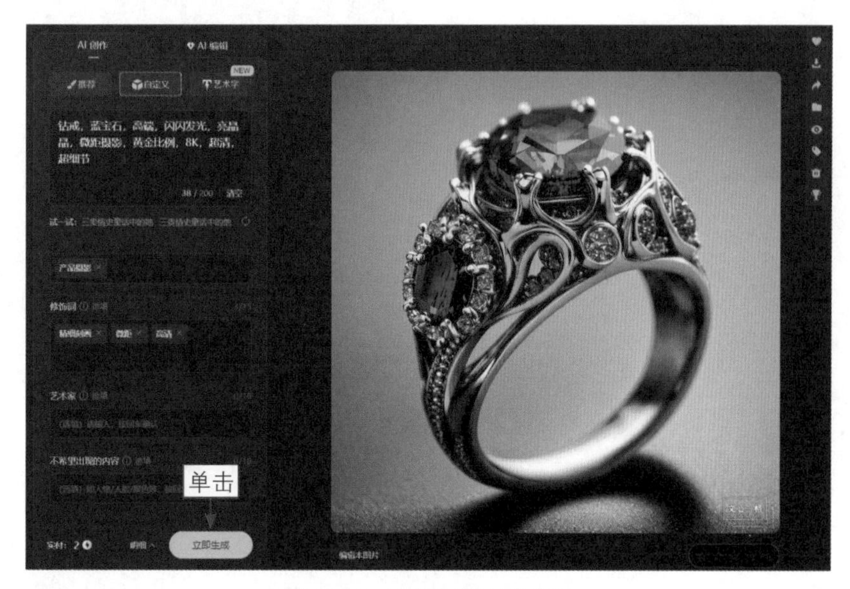

图10-50　生成相应的图像效果